农村公路交通安全保障技术

张建军　张高强　编著

人民交通出版社

内 容 提 要

本书重点阐述了农村公路安全保障技术及工程实施，共七章。第一章为绪论，概述了近年来我国农村公路的建设成就和公路安全保障工程所取得的成绩；第二章剖析了农村公路安全现状、形势及事故原因；第三章分析了农村公路安全保障技术研究背景和农村公路安全保障工程的特殊性；第四章分析了现有常用安全保障技术大规模应用于农村公路的适用性；第五章介绍了研发的多种低成本公路安全保障技术；第六章详细讲解了农村公路安全保障工程技术方案；第七章主要介绍了农村公路安全保障工程的实施步骤。

本书可供从事道路、交通工程、公路安全保障工程的设计、施工人员和交通管理人员使用，也可作为相关研究人员、工程技术人员和教学人员的参考用书。

图书在版编目(CIP)数据

农村公路交通安全保障技术/张建军，张高强编著.—北京：人民交通出版社，2012.10

ISBN 978-7-114-10110-6

Ⅰ.①农… Ⅱ.①张… ②张… Ⅲ.①农村道路—交通运输安全—安全技术 Ⅳ.①U491.4

中国版本图书馆 CIP 数据核字(2012)第 230583 号

书　　名：农村公路交通安全保障技术
著 作 者：张建军　张高强
责任编辑：吴有铭　李　洁
出版发行：人民交通出版社
地　　址：(100011)北京市朝阳区安定门外外馆斜街 3 号
网　　址：http://www.ccpress.com.cn
销售电话：(010)59757969,59757973
总 经 销：人民交通出版社发行部
经　　销：各地新华书店
印　　刷：化学工业出版社印刷厂
开　　本：787×1092　1/16
印　　张：6.5
字　　数：150 千
版　　次：2012 年 10 月　第 1 版
印　　次：2012 年 10 月　第 1 次印刷
书　　号：ISBN 978-7-114-10110-6
定　　价：60.00 元

前　　言

近年来，我国农村公路建设取得了长足的发展，通车里程大幅增加，在公路网中的地位和作用日益增强。但是，由于建设理念、建设资金等因素的局限和制约，相当一部分已建成通车的农村公路缺乏必要的交通安全保障设施，行车安全隐患突出，道路交通安全形势严峻，亟须实施农村公路安全保障工程，整治安全隐患，提高行车安全性，保障农民群众生产、生活出行安全。由于农村公路不同于高速公路和国省干线公路，有其自身特殊性，完全按照干线公路安全保障技术标准实施农村公路安全保障工程是不现实的，也是不必要的。然而，针对农村公路特殊性开展的安全保障技术研究刚刚起步，研究成果少而零散且不系统，无法对农村公路安全保障工程建设形成有效指导。

本书在分析农村公路安全现状、形势及事故原因的基础上，针对农村公路安全保障工程在投资、交通环境、道路使用者等方面的特殊性，提出了农村公路安全保障技术应具备的特征；分析了现有常用安全保障技术大规模应用于农村公路的适用性，重点介绍了研发的多种低成本公路安全保障技术；阐述了农村公路安全保障工程技术方案和实施步骤；提出了农村公路交通安全管理方案。本书旨在为农村公路安全保障工程实施提供全方位的技术支持，促进农村公路交通安全形势进一步改善，保障农民群众生产、生活出行安全。

本书在编写过程中得到了北京市交通委员会路政局门头沟公路分局康云霞、李春水等领导的大力支持和协助，并得到了交通运输部公路科学研究院安全中心李爱民、唐琤琤、周荣贵、侯德藻等领导的悉心指导，郑昊、宋楠、李长城、陈磊、王芳等做了大量研究工作，宋楠、陈宏云提供了图片资料，在此一并表示衷心地感谢！

由于时间仓促且水平所限，书中难免有疏漏、不足或不妥之处，敬请各位读者批评指正。

编著者

2012 年 9 月

目　　录

第一章　绪　　论

第一节　概　　述

在我国，道路可以分为公路和城市道路。公路按行政等级可以分为国道、省道、县道、乡道、村道和专用公路；按技术等级可以分为高速公路、一级公路、二级公路、三级公路、四级公路和等外公路。一般把国道和省道称为干线公路，县道、乡道和村道称为农村公路[1]，乡道和村道称为乡村公路。

农村公路并不是低等级公路的代名词，除包含三级、四级及等外公路外，还有部分二级公路、一级公路和高速公路。根据交通部[2]2007 年 4 月公布的《全国农村公路通达情况专项调查主要数据公报》，截至 2005 年 12 月 31 日，全国农村公路共 296.5 万 km，其中高速公路 572km，一级公路 11 910km，二级公路 84 757km，三级公路 261 004km，四级公路 1 417 515km，等外公路 1 189 256km，分别占总数的 0.02%、0.40%、2.86%、8.80%、47.81%和 40.11%。可见，农村公路中三级及三级以下低等级公路占绝大多数。由于我国对二级及二级以上普通公路安全保障技术研究较多，积累了大量实践经验。且等级较高的这部分农村公路已经超出了仅为农民群众提供生产生活服务的范围，已经成为地方经济发展不可或缺的重要交通基础设施，在社会经济发展中具有重要作用，实际上起着干线公路的作用。同时，其交通环境、交通特点、交通参与者等方面均与普通农村公路存在较大差别，这部分农村公路安全保障工程需要按照干线公路的标准组织实施。因此，如无特殊说明，本书仅针对三级及三级以下农村公路安全保障技术进行研究。

一、建设成就

进入新世纪，中共中央、国务院把建设农村公路作为建设社会主义新农村的重大举措之一，掀起了历史上最大规模的农村公路建设热潮。2003 年，交通部提出了“修好农村路，服务城镇化，让农民兄弟走上油路和水泥路”的工作目标，加大了对农村公路的投入，组织实施了提高农村公路通行条件的通达工程和通畅工程；2004 年，交通部启动了“农村渡口改造”和“农村客运站点”的建设工程；2005 年初，国务院通过了《全国农村公路建设规划》，规划明确了农村公路建设的总体目标是具备条件的乡（镇）和建制村通沥青（水泥）路；2006 年和 2007 年，

[1]关于农村公路的定义有不同的说法，一些省市根据本地的农村公路现状给农村公路下了不同的定义。根据 2005 年 9 月 29 日《国务院办公厅关于印发农村公路管理养护体制改革方案的通知》(国办发(2005)49 号)，本书所指的农村公路包括县道、乡道和村道。

[2]交通部现改为交通运输部。

交通部进一步加大了农村公路的建设投资力度，扩大了农村公路的建设范围；2008 年，国务院扩大内需的措施中，有 100 亿元投向公路，其中有 50 亿元专门用于安排农村公路建设。2009 年，交通运输部继续加大农村公路建设中央投资比重，并向中、西部地区倾斜，加大对“老少边穷”地区扶持力度，实施第三批农村公路示范工程。全年新改建农村公路 38 万 km，北京、天津、上海、江苏、浙江、辽宁、山西、安徽八省市提前完成“十一五”农村公路建设目标。2010 年，农村交通条件进一步改善，“十一五”农村公路建设目标全部实现。全国农村公路里程达 350.66万 km，比 2009 年末增加 13.76 万 km，其中县道、乡道、村道里程分别达到 554 047km、1 054 826km 和 1 897 738km，县道、乡道、村道比 2009 年末分别增加 3.46 万 km、3.53 万 km 和 6.77 万 km，五年新增农村公路 59.13 万 km，见图 1-1。全国通公路的乡(镇)占全国乡(镇)总数的 99.97%，通公路的建制村占全国建制村总数的 99.21%，比 2009 年末分别提高 0.37 个和 3.44 个百分点，比“十五”末分别提高 6.33 个和 22.30 个百分点。通硬化路面的乡(镇)占全国乡(镇)总数的 96.64%，通硬化路面的建制村占全国建制村总数的 81.70%，比 2009 年末分别提高 4.18 个和 4.10 个百分点，比“十五”末分别提高 16.24 个和 28.81 个百分点。

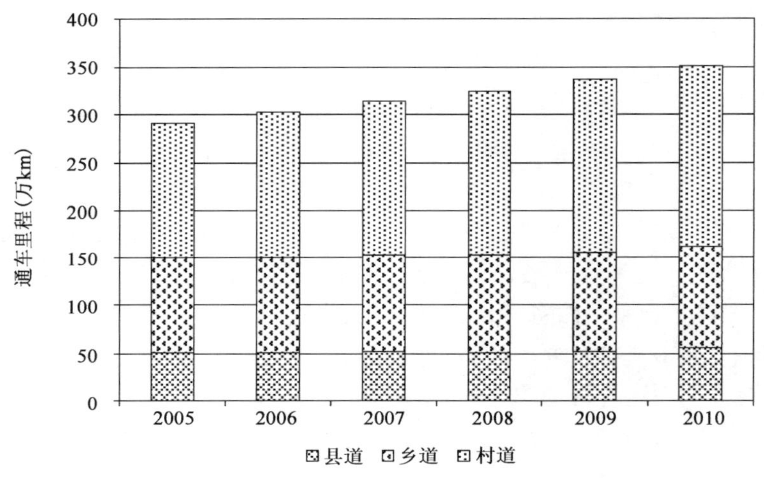

图 1-1　农村公路通车里程变化(2005～2010 年)

二、重要作用

农村公路是公路网的基础，是农村地区最主要甚至是一些地区唯一的运输方式，是关系到农民群众的生产、生活，关系到农村经济社会发展，关系到全面建设小康社会和构建和谐社会的重要基础设施。

从建设社会主义新农村的角度看，农村公路是农村经济发展、农业结构调整、农民持续增收的重要基础条件。农村公路发展了，可以改善农村运输条件和投资环境，促进农村“生产发展”；可以增加农民收入，扩大农民就业，促进农民“生活宽裕”；可以加快农村信息传播和对外交流，改变传统的生产生活方式和思想观念，激发农民自力更生、奋发图强的进取精神，促进“乡风文明”；可以加快农村城镇化进程，改善村容村貌，促进“村容整洁”。

农村公路建设，既是全面落实科学发展观的必然要求，也是建设社会主义新农村的重要内容；既是改善农村生产和生活条件，发展农村经济、解决“三农”问题的前提，也是增加农民收入的有效途径；既是扩大内需、拉动经济发展的重要举措，也是促进经济社会全面协调可持续发展的重要条件；既是构建便捷、通畅、高效、安全的交通运输体系的重要组成部分，也是实现交通又快又好发展的重要基础。

第二节 公路安全保障工程

进入新世纪，我国道路交通安全形势异常严峻，交通事故死亡人数呈加速增长态势。2002年全国道路交通事故死亡人数达创纪录的109 381人，平均每天死亡300人，相当于一架民航客机坠亡。交通事故的发生涉及人、车、路、环境、管理等诸多因素。公路设施作为道路交通的重要载体，是影响交通安全的重要因素之一。尽管经过近十几年来的大规模建设，我国公路技术状况总体有了很大改善，但是仍有相当一部分公路受当时建设资金、自然条件等因素的限制，路况差，混合交通严重，安全设施不足。特别是一些早期建成的山区公路"先天不足"，安全防护设施不完善，群死群伤的特大交通事故在一些地势险峻路段时有发生。为提高公路设施的功能和服务水平，减少和降低因公路设施不完善而导致的交通事故，适应国民经济发展和社会进步的要求，2004年初，交通部在全国组织实施了以"消除隐患、珍视生命"为主题的公路交通安全保障工程（以下简称"公路安保工程"）。第一阶段用3年时间完成了全国国、省干线公路上17万处（累计5万km）的急弯、陡坡、视距不良、路侧险要等典型路段的综合整治工作，最大程度地减小了公路交通事故伤害，降低了事故死亡率，为人民群众的生命财产安全提供了保障。2007年，县乡公路被进一步纳入公路安保工程实施范围。

一、建设成绩

2004～2009年，全国公路安保工程累计投入资金147.4亿元，整治隐患路段42.4万处、13.4万km，全面超额完成2004年初制订的17万处、5万km安全隐患路段的处置计划。

公路安保工程极大地完善了公路安全防护设施和服务设施。安保工程实施过程中，增设了各种形式的交通安全防护设施，如护栏、标志、标线、薄层铺装、立体标线、避险车道等，显著提高了公路安全防护设施的等级，有效缓解了我国公路长期以来防护设施相对不足、不能有效保障行车安全的矛盾。还增设和完善了一大批服务设施，如停车休息区、卫生间、加水站等，有效提高了公路行车的安全性和舒适性，完善了公路的服务功能，进一步丰富和拓展了公路的服务内涵。

二、效益分析

1. 显著提升公路行车安全性

公路安保工程显著提升了公路行车安全性，有效地遏制了我国公路交通事故和重特大事故高发态势。根据公安部的统计，2007年装有道路安全设施的路段，交通事故导致23 445人死亡，同比下降7.2%。其中，全国公路上装有波形防护栏、防撞墙、防护墩的路段，交通事故同比分别下降12.4%、11.2%和19.7%。在公路安保工程重点实施的二、三级公路上，死亡人数和死亡人数所占比例均呈逐年下降趋势。根据公安部统计，2007年坠车事故同比下降18.1%；2008年坠车事故同比下降20.4%，其中二级公路坠车事故死亡人数同比下降38.8%。

以公路安保工程重点实施的二、三级公路为例，与 2003 年公路安保工程实施前相比，2010 年各等级公路交通事故死亡人数共减少 34 055 人，降低 42.26%，受伤人数共减少 173 687 人，降低 53.82%。其中二级公路交通事故死亡人数减少 14 458 人，降低 46.77%，受伤人数减少 74 258人，降低 60.41%；三级公路交通事故死亡人数减少 12 191 人，降低 55.02%，受伤人数减少 53 048 人，降低 60.74%。与 2003 年相比，2004～2010 年各等级公路交通事故死亡人数共减少 127 504 人，受伤人数共减少 675 077 人。其中二级公路交通事故死亡人数共减少 58 691人，受伤人数共减少 322 370 人；三级公路交通事故死亡人数共减少 49 595 人，受伤人数共减少 211 082 人，见表 1-1。相关研究指出，我国道路交通事故每死亡 1 人的平均成本（伤亡平均成本指在计算年度内，区域内的交通事故中每伤亡一人的平均损失费用，包括医疗费用、产出损失、疼痛悲伤损失、生活质量下降损失和丧葬费用等）大约为 100 万元、每重伤 1 人的平均成本大约为 25 万元，每轻伤 1 人的平均大约为 3 万元（重伤与轻伤比按 3∶7 计算）。依此计算，与 2003 年相比，仅 2010 年因公路交通事故死亡人数减少而节约事故成本损失达 340.55 亿元，因受伤人数减少而节约事故成本损失达 166.74 亿元。

与 2003 年相比，2004～2010 年，我国公路因交通事故死亡人数减少而节约事故成本损失达 1 275.04 亿元，因受伤人数减少而节约事故成本损失达 648.07 亿元；二级公路因交通事故因死亡人数减少而节约事故成本损失达 586.91 亿元，因受伤人数减少而节约事故成本损失达 309.48 亿元；三级公路因交通事故死亡人数减少而节约事故成本损失达 495.95 亿元，因受伤人数减少而节约事故成本损失达 202.64 亿元。2004～2010 年因公路交通事故减少共节约事故成本损失达 1 923.11 亿元，见表 1-1。除伤亡成本损失外，交通事故还将造成包括车辆损失、路产损失、社会机构损失、交通延误损失等在内的多项损失。研究表明，伤亡成本损失约占事故总损失的 95%。依此计算，7 年间因公路交通事故伤亡人数减少共节约事故总损失达 2 024.33亿元，平均每年减少事故总损失约 289 亿元，见表 1-1。

公路安保工程实施效益（2004～2010 年） 表 1-1

公路等级	与 2003 年相比累计减少				减少伤亡成本损失额总计（亿元）	减少事故总损失（亿元）
	死亡人数	受伤人数	重伤人数	轻伤人数		按 95%计算
公路	127 504	675 077	202 523	472 554	1 923.11	2 024.33
二级公路	58 691	322 370	96 711	225 659	896.39	943.56
三级公路	49 595	211 082	63 325	147 757	698.59	735.36

2. 有效促进公路安全保障技术研究和推广

安保工程有效促进了公路交通安全技术的研究和推广，积累了大量国省干线公路安全保障的处置经验，提升了公路技术水平。安保工程的实施为公路交通安全研究提供了大量基础数据支持，为公路交通安全的研究奠定了丰富的数据基础；为公路交通安全研究成果转化为生产力提供了广阔的天地，路侧净区、太阳能等许多研究成果已经应用于安保工程中；为标准规范的编制和修编提供了依据及丰富资料，为普通公路的交通安全保障提供了大量的经验和实践总结。不同的安全技术措施对交通安全产生不同的效果与影响，量化这些影响因素，可以更准确地应用相关技术，且安保工程记录的数据资料将为相关标准规范的制修订提供不可或缺的支撑材料。安保工程的实施促进了现有技术措施的推广。如缆索护栏技术由于其特殊的安装技术，在低等级道路上很少使用，多年来未获得广泛推广应用。安保工程实施过程中，在进一步深化缆索护栏设置原则和方法的基础上，因地制宜，将道路安全设施与环境景观相结合，适时、适地地推广应用了缆索护栏技术。

3.进一步树立和维护了交通运输行业良好社会形象

安保工程锻炼了队伍，提升了交通行业的工作理念。安保工程实施锻炼了一大批设计、施工、养护、管理队伍，涌现出了一大批技术骨干，使大家对普通公路的交通安全保障问题有了新的认识，积累了普通公路安全保障设计、施工、管理的经验。安保工程的实施已经悄然改变着交通行业的传统观念。改变了以往只重视建设，对道路交通安全设施重要性缺乏认识的传统观念；以人为本的工作理念在交通系统中得到了进一步的贯彻和落实；保护自然环境、坚持协调可持续发展的观念得到了广泛认同；服务于人民群众安全便捷出行的要求深入人心。

安保工程获得了行业内外的广泛认同。中央及地方新闻媒体对安保工程的实施工作给予了报道和高度评价。北京、山西、广西、重庆等多个省份的领导亲自视察施工现场或对安保工程做出重要批示。2004 年 11 月 27 日，时任北京市市长王岐山同志到 109 国道北京段视察，对公路安保工程的实施给予了肯定。山西省把安保工程作为全省交通系统为民办实事的十件实事之一，把安保工程当作一件大事来抓。广西壮族自治区政府召集交通、公安、安监等部门召开了协调会，布置了具体工作，将安保工程作为政府行为来抓。重庆市重视安保工程保障道路交通安全的巨大作用，成立了以市长王鸿举为组长的道路交通安全整治工作领导小组，明确要求推进道路“安保工程”，加大危险路段整治力度。安保工程的实施，使得国省道主干线的交通安全形势有了大幅度提升。广大司机对交通部实施的安保工程交口称赞，称现在“路更好走了，更敢走了”。重庆、陕西等地的“受救”司机更是道出了“公路部门给了我第二条生命”的心声。这些评价，对树立和维护“交通行业是一个负责任行业、交通部门是一个负责任的政府部门”这一良好形象起到了积极作用，提升了社会公众对公路交通工作的认同感。

安保工程在国际上也获得了广泛关注和好评。2005 年，交通部与世界道路协会(PIARC)在北京共同召开了“公路交通安全国际研讨会”，40 多个国家的专家到会共同探讨公路交通安全问题，我国公路安保工程获得了与会人员的广泛关注。2007 年 5 月，“中国公路安全保障工程技术研究”项目在全球 40 多个申报项目中脱颖而出，荣获国际道路联合会(IRF)2006 年度欧洲道路安全奖二等奖，这是中国公路交通行业第一次获此殊荣。我国公路安保工程的实施理念、技术措施和实施效果获得了参会人员的一致好评。

三、公路安全保障技术

公路安保工程实施以前，我国道路交通安全研究主要集中于高速公路，并在研究的基础上制订了一系列道路交通安全技术标准，而对于普通公路交通安全问题缺乏研究，缺少足够的技术储备，不能为普通公路安保工程提供有效指导，且公路安保工程实施路段大多位于地理地质条件复杂的山岭重丘区，技术标准低，生态环境脆弱，对公路安全保障技术的需求更为迫切。

为了对公路安保工程设计和实施提供指导，2004 年 9 月 3 日，交通部发布实施《公路安全保障工程实施技术指南(试行)》(交公路发[2004]477 号)，对安保工程实施起到了极大的促进作用，初步解决了公路安保工程如何做、怎么做的问题。2006 年 12 月 28 日，交通部正式发布实施《公路安全保障工程实施技术指南》(厅公路字[2006]418 号)，对等级公路各种常见安全隐患给出了具体技术对策与改善方法，对全国公路安保工程实施起到了指导和促进作用。

为了更好地为安保工程的实施提供技术指导，填补我国等级公路安全对策的有关规范、指南的空白，整体提高我国公路网的安全水平，2004 年交通部决定立项开展“公路交通安全应用技术研究”。根据问题的轻重缓急，“公路交通安全应用技术研究”重点解决以下 13 个问题：

(1)高速公路雾区交通安全保障技术；

(2)公路路侧安全评估及防护方法研究；

(3)公路安全防护设施试验验证及开发；

(4)连续长大下坡路段安全保障技术研究；

(5)公路隧道进出口运行安全研究；

(6)公路平交路口安全改善技术研究；

(7)公路交通标志标线设置有效性研究；

(8)交通工程检测及计量检定技术的应用研究；

(9)公路运营管理标准化研究；

(10)国外公路工程标准规范的引进和开发利用研究；

(11)林区、旅游公路交通安全研究；

(12)公路交通安全数据库开发；

(13)公路交通安全手册的研究。

“公路交通安全应用技术研究”等相关公路交通安全研究项目的实施取得了众多道路交通安全研究成果，很多研究成果已成功应用于公路安保工程中并取得了良好的效益。如路侧净区理念、道路事故多发段(点)判别技术、速度一致性分析技术、立体标线技术、基于太阳能利用的隧道照明技术、主动发光诱导技术、全程监控技术以及无线视频传输技术。目前，已积累了大量公路安全保障技术成果。

第二章　农村公路交通安全

第一节　现 状 分 析

一、主要特点

1. 技术等级低

虽然农村公路通车里程大幅增加，未铺装路面里程大幅降低，但不可否认，农村公路技术等级依然偏低，特别是山区农村公路，不同程度存在路面狭窄、线形差，急弯、陡坡、连续下坡、视距不良、路侧险要等安全隐患路段比例大(图 2-1～图 2-5)，自然条件比较恶劣，还存在大风、雾等恶劣天气(图 2-6、图 2-7)，为交通安全带来了较大隐患。农村公路抗灾能力相对偏弱，雨季经常遭受洪水侵袭，地质灾害频繁发生。

图 2-1　农村公路等级低，线形差

图 2-2　农村公路宽度窄，坡度陡

图 2-3　农村公路连续下坡路段

图 2-4　农村公路视距不良路段

图 2-5　农村公路部分路段存有落石

图 2-6　山区农村公路春季常常起雾

图 2-7　农村公路汛期水毁

2. 交通安全设施普遍缺乏

农村公路交通安全设施配套建设相对不足。早期建成的农村公路大部分没有及时设置必要的道路交通安全设施，有些农村公路仅在部分路段施划了道路边缘线，其他交通安全设施如标志、诱导设施、防护设施普遍缺乏。仅有的交通安全设施往往由于缺乏必需的维护而产生损坏，原有功能降低或丧失，见图 2-8～图 2-10。

图 2-8　防护设施不足

图 2-9　部分标线破损，失去功能

3. 以小型车辆为主，安全性能相对较差

在低等级农村公路上，交通组成以小型车辆为主，主要包括农用机械、农用运输车、摩托车

a)漫水桥示警桩损毁

b)示警墩损毁

图 2-10　设施缺乏维护

和小型载客汽车，见图 2-11～图 2-13。农用运输车多为正三轮运输车，型号不同质量会有所差异，一般为 1～2.5t。这些车辆安全性能相对较差。

图 2-11　农用运输车(三轮车)

图 2-12　摩托车

4. 交通量上升，但仍普遍较小

农村公路通行条件的改善为汽车进入农家提供了强有力的硬件设施保障。随着农民群众生活水平的提高，近年来农村地区机动车保有量大幅增长。农村公路上常见的三轮汽车、低速载货汽车、摩托车、上路行驶的拖拉机等车辆保有量从 2003 年底的 7 165 万余辆增至 2010 年底的 1.22 亿辆左右，见图 2-14。另外，2009 年以来，受国家“汽车下乡”政策的积极影响，农村

图 2-13　小型载客汽车

地区汽车和摩托车增长迅速。至 2009 年底，全国已补贴下乡汽车、摩托车 583 万辆，其中汽车补贴 167 万辆，摩托车补贴 416 万辆，其中，获补贴的摩托车数量占 2009 年摩托车新增保有量的 83.32%。随着农村地区机动车保有量的增加，农村公路交通量也随之增加。

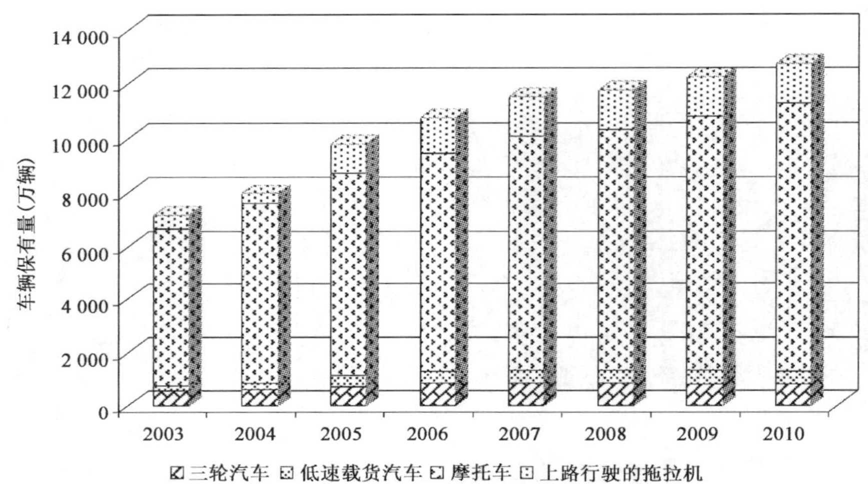

图 2-14　农村公路常见车辆类型保有量(2003～2010 年)

但是，农村公路上交通量仍普遍较小，特别是在山区公路。由于地广人稀，交通量极少。在一些通往旅游景点的农村公路上，交通量相对会多一些，且呈现周末交通量比工作日多的特点，但总体上还是较小。因大规模拥堵、交通事故造成的公路阻断一般不会出现在农村公路上。在山区农村公路上运行的车辆基本处于自由流状态，见图 2-15。

5. 沿线群众交通安全意识不强

在农村公路上，无证驾驶、开报废车、农用运输车辆违法载客等行为仍不同程度存在，见图 2-16、图 2-17。这一方面与交通安全管理缺失有关，另一方面也反映出沿线群众交通安全意识仍有待提高。

随着农村公路里程大幅增长，道路通行条件大幅改善，交通量明显增加，车辆运行速度也明显提高。之前在路况相对较差情况下没有出现的农村公路安全问题，在现在路况较好的情况下就集中暴露出来。

图 2-15　山区公路车辆基于处于自由流状态

图 2-16　农用运输车违法载客现象突出

图 2-17　农村道路成为群众纳凉之地

二、面临的风险

1. 交通量增加带来的风险

农村地区旅游资源十分丰富，各地政府也在积极开发当地村镇的旅游资源。农村公路的通达为这些旅游资源的开发和运营提供了极大的便利条件。随着经济的发展和人民生活水平的提高，人们的旅游需求仍将持续增长，郊区短途游已成为城市很多居民周末度假、愉悦身心的首选。同时，随着农村公路沿线居民生活水平的提高，农村公路地区车辆保有量也将会进一步提高。因此，可以预见，随着时间的推移和村镇旅游资源知名度的提升，农村公路交通量增加是必然的趋势。目前农村公路自由流的交通状况必然也将随之发生改变。但是，由于农村公路交通环境特殊，交通量的增加必然导致车辆之间冲突的概率增加，引发交通事故的风险也将增加。

2. 复杂路况引发操作失误带来的风险

农村公路交通环境恶劣，相比于干线公路，路况极为复杂，需要有较高的驾驶技能才能在农村公路上安全行车，并且要求驾驶员有处理危险情况的能力和在紧急情况下临危不乱的能力。但是，目前农村公路上的驾驶员往往没有经过正规的培训，较缺乏应急处置的能力，极易因复杂路况而引发操作失误，引发交通事故。

3. 车辆安全性能低带来的风险

农村公路上行驶的车辆安全性能普遍较低。复杂的农村公路交通环境和路况对车辆安全性能提出了挑战，安全性能较低的车辆极易发生故障，引发交通事故。同时，事故发生后，这些车辆不能对乘客提供有效保护，加重了交通事故的后果和严重程度。另一方面，农村公路上还存在报废车辆、违法改装车辆，这些车辆自身就有安全隐患，无法适用农村公路交通环境，更无法为乘客提供有效保护，犹如一颗“定时炸弹”。

4. 道路容错机会少带来的风险

农村公路路宽普遍较窄，特别是山区农村公路，路侧危险等级高，道路能够提供的容错机会少。这对驾驶员的驾驶技能提出了要求，要求驾驶员在农村公路上行驶时尽量少犯错或不犯错。否则，就极有可能发生交通事故。

5. 搭乘农用机械、农用车辆带来的风险

近年来，全国农村公路上发生的一次死亡 10 人以上的特大交通事故起数、死亡人数、受伤人数一直占较高比例。在农村公路上发生的重特大交通事故中，农用运输车或货车违法载客是导致农村公路群死群伤事故的一个重要原因。农村公路上部分线路在一定时间、一定时段农用机械、农用车辆违法载客的现象较普遍，为发生特大交通事故埋下了隐患。

6. 意外带来的风险

山区农村公路自然环境恶劣，大风、沙尘、大雾都将给交通安全带来挑战。此外，山区公路山体落石等意外都有可能造成交通事故。

第二节　安全形势

1. 农村公路交通事故所占比例大

近年来，随着我国道路交通事故的下降，农村公路交通事故也逐年下降。2010 年，农村公路上共发生道路交通事故 48 488 起，造成 14 331 人死亡，57 374 人受伤，见图 2-18。与 2005 年相比，2010 年农村公路道路交通事故起数、死亡人数和受伤人数分别下降 47.87%、34.16%和 44.76%。虽然近年来农村公路交通事故逐年降低，但其所占公路交通事故比例一直较高。近年来，这一比例整体呈上升态势(2010 年比 2009 年有所降低)，见图 2-19。2010 年，农村公路交通事故起数、死亡人数和受伤人数分别占公路交通事故总数的 38.81%、30.80%和 38.50%，也就是说，公路交通事故中每死亡 3 人就有 1 人死于农村公路交通事故。与 2005 年相比，2010 年农村公路交通事故起数、死亡人数和受伤人数分别上升 4.72、2.42 和 3.10 个百分点。

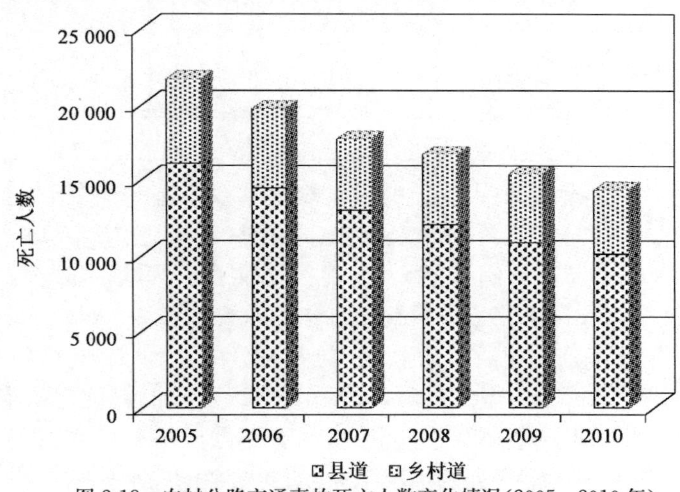

图 2-18　农村公路交通事故死亡人数变化情况(2005～2010 年)

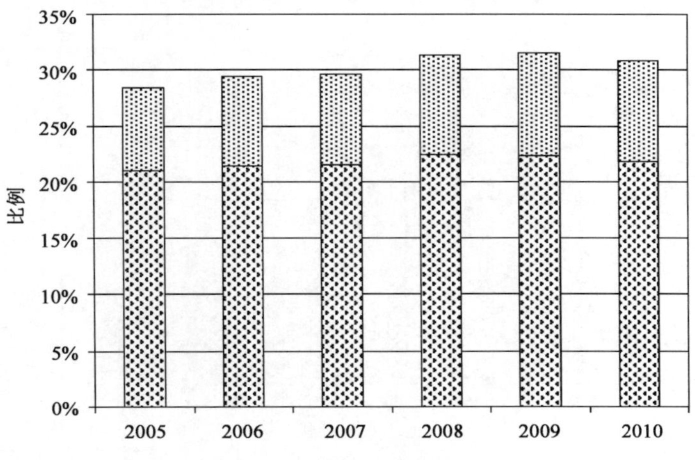

图 2-19　农村公路交通事故死亡人数所占公路交通事故死亡人数比例变化情况(2005～2010 年)

2. 群死群伤事故时有发生

2005～2010年，农村公路上共发生一次死亡10人以上的特大交通事故43起，共造成586人死亡、532人受伤。近6年来，农村公路上发生的一次死亡10人以上的特大交通事故起数、死亡人数、受伤人数平均占一次死亡10人以上特大交通事故总数的21.72%、19.40%和18.36%，见表2-1。

农村公路一次死亡10人以上的特大交通事故(2005～2010年)　　表2-1

年份	事故起数		死亡人数		受伤人数	
	数量(起)	百分比	数量(人)	百分比	数量(人)	百分比
2005	7	14.89%	82	10.16%	115	16.31%
2006	11	28.95%	162	29.03%	136	29.37%
2007	7	26.92%	110	28.28%	121	26.95%
2008	5	17.24%	79	16.60%	43	8.53%
2009	5	20.83%	59	17.93%	64	18.55%
2010	8	23.53%	94	20.39%	53	12.27%
合计	43	21.72%	586	19.40%	532	18.36%

农村公路上发生的一次死亡10人以上的特大交通事故中坠车(包括坠崖、坠河、坠沟、坠桥)事故最为常见。2005～2010年，在农村公路上发生的一次死亡10人以上的43起特大交通事故中坠车事故共33起，所占比例高达77%，见图2-20。坠车进一步加重了事故的严重程度，应把预防坠车事故作为农村公路上事故预防工作的重要内容。

我国农村公路坠车特大道路交通事故高发，与农村公路交通安全设施缺乏有较大关系。近年来我国农村公路建设取得了辉煌的成就，通车里程大幅增加，路面等级和质量大幅改善，但由于建设资金和发展理念等局限，相当一部分农村公路缺乏必要的交通安全设施。在农村公路路况大幅改善、行车速度大幅增加的情况下，在没有路侧防护设施有效拦阻的情况下，极易发生车辆坠车事故。

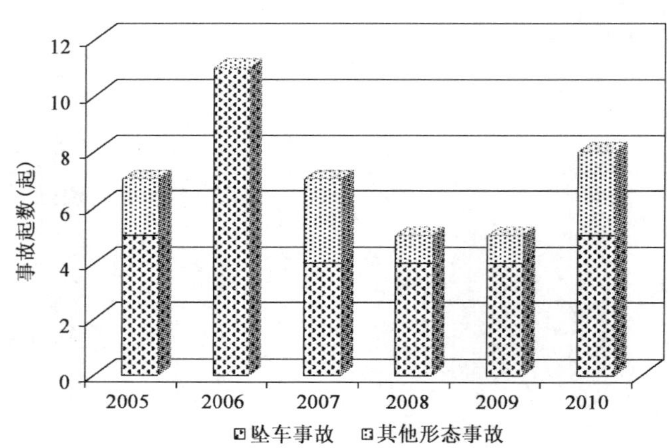

图2-20　农村公路一次死亡10人以上特大交通事故形态(2005～2010年)

3. 农民群众已成为道路交通事故最大受害群体

伴随着农村经济的发展和农村公路建设的深入推进，农民接触机动车、拥有和驾驶机动车的机会大大增加，涉及农民的交通事故逐渐增多。随着我国道路交通事故的降低，近年来道路交通事故伤亡人员中农民的数量也大幅下降。与 2006 年相比，2010 年道路交通事故中农民伤亡人数分别下降 30.86%和 38.79%。但从道路交通事故伤亡人员行业类型看，农民伤亡的比例依旧是最高的，2010 年分别占道路交通事故伤亡总数的 41.99%和 38.18%，远高于其他行业人员，见图 2-21。

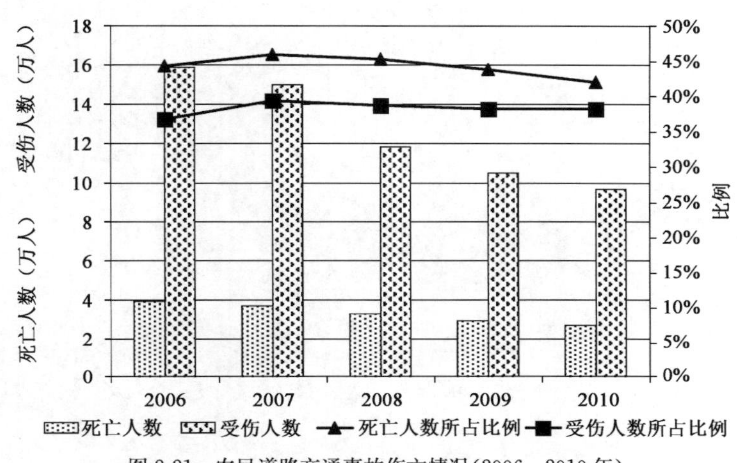

图 2-21　农民道路交通事故伤亡情况（2006～2010 年）

第三节　事 故 原 因

1. 农村公路快速增长与农民群众交通安全意识淡薄的不适应

2010 年，因农民导致的交通事故数量占事故总数的 28.88%，死亡人数占总数的32.99%，受伤人数占总数的 28.73%。农民已经成为我国交通事故的重要肇事群体之一，突出反映了农民的交通安全意识仍比较淡薄。

在农村驾驶机动车的人员中有相当一部分没有经过正规培训，有些甚至是在“实践”中练出来的。这些驾驶员交通安全意识淡薄，紧急情况下应急反应能力差。导致农村公路上超速超载、酒后驾车、逆向行驶、违章超车、三轮车及轻型载货汽车违法载客等交通违法违章现象突出。这些现象加剧了农村公路行车秩序的混乱，一定程度上导致了农村公路事故多发。

2. 农村公路快速增长与农村机动车性能相对较差的不适应

随着农村公路通行条件的改善和农民群众生活水平的提高，摩托车、三轮汽车、低速载货汽车、手扶拖拉机等作为农民群众出行代步工具和生产工具越来越普及。截至 2010 年底，农村地区常见的三轮汽车、低速载货汽车、摩托车、手扶拖拉机保有量共 1.15 亿辆，占机动车保有总量的 55.64%，见图 2-22。这些车辆安全性能相对较差，发生事故后不能为乘客提供有效保护。同时，还有大量无牌无证车辆充斥在农村。由于农村购买力低，一些非法拼装车、城市报废车大量流入农村。同时，由于农村短途客运发展相对滞后，农民出行往往只能搭乘三轮车、低速载货汽车、拖拉机或摩托车等交通工具，这也在一定程度上使得货车违法载客有了市场，也使得发生群死群伤等恶性交通事故的可能性增加。这些都给农村公路交通安全留下了隐患，对改善农村公路交通安全带来了挑战。

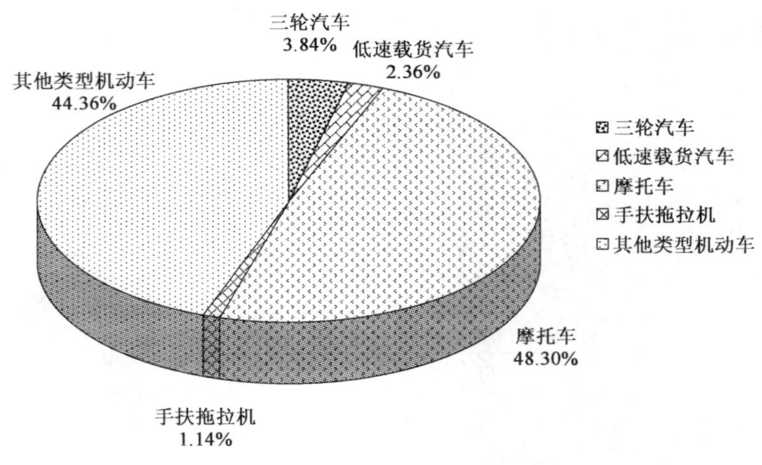

图 2-22　2010 年我国机动车保有量组成

3. *农村公路快速增长与交通安全设施相对不足的不适应*

大量的实例反复表明：对于道路交通系统而言，在驾驶员、车辆因素确定后，良好舒适的道路环境能够避免交通事故，反之则可能诱发交通事故。从公路设施看，尽管经过近年来的大规模建设，农村公路总体技术状况有了很大改善，但三、四级及四级以下等级公路里程仍是农村公路的主体。这些公路大多受当时资金、技术水平和自然条件等因素的限制，安全设施严重不足。群死群伤特大交通事故在一些地势险峻路段时有发生。根据统计，2003～2009 年发生的一次死亡 10 人以上的重特大道路交通事故中，发生在安全防护设施相对落后的农村公路上的事故就占 54%。农村公路一次死亡 10 人以上的特大交通事故中坠车事故高达 80%也在一定程度上说明了农村公路安全防护设施匮乏。

4. *农村公路快速增长与交通安全管理相对滞后的不适应*

农村公路线长面广，纵横交错，交通管理任务艰巨。但是由于交通管理部门警力不足，对农村公路交通安全管理往往鞭长莫及、力不从心。截至 2009 年底，全国管理农村公路的警力只有 2.1 万人，人均管理近 160km。交通安全管理的相对滞后从一定程度上导致了农村公路交通秩序的混乱，农村机动车超速超载、无牌无证、非法改装、非法载客等违法行为得不到有效治理，一些事故隐患得不到及时排除，由此引发的交通安全事故也屡见不鲜。有些超载大货车为了躲避国省道的超载检查，选择绕道农村公路。而农村公路一般等级较低，经不起超载大货车的碾压，也给交通安全带来一定的隐患。

第三章　农村公路安全保障技术研究背景

第一节　背景分析

一、交通安全问题凸显的客观需要

农村公路一直是我国公路网的重要组成部分，特别是经过近几年的高速发展之后，其在公路网中的作用日益增强。截至2010年底，农村公路占公路通车里程的比例达87.49%。在农村公路里程快速增长的同时，农村公路路面等级也在逐步改善。2006年底，农村公路未铺装路面169.16万km，占当年农村公路总里程的55.90%；2010年，农村公路未铺装路面已降至137.11万km，占当年农村公路总里程的39.10%。之前在路况差、车辆运行速度低的农村公路上没有出现的农村公路交通安全问题在现在路况好、车辆运行速度高时便集中凸显出来。针对农村公路日益严峻的道路交通安全形势，亟须研究农村公路安全保障技术，通过农村公路安保工程提高农村公路行车安全性。

二、大规模建设和改善的迫切需求

我国大规模农村公路基础设施建设仍未结束。新建公路将不允许再走先建设后治理的老路，需要在建设的同时，充分考虑到建成以后的道路交通安全问题，防患于未然。随着人民群众对出行安全需求的日益增强，现有农村公路改善时更需要考虑到道路交通安全问题。

三、特殊交通安全环境的现实要求

农村公路等级低、线形差、路面窄，交通环境相对恶劣；无牌无证、违法改装、报废车辆多，车辆安全性能低；摩托车、自行车、畜力车、低速载货汽车、拖拉机、各类客车、货车等车辆种类众多，交通组成复杂；交通参与者安全意识、驾驶人驾驶技能、危险处置经验不足；交通安全管理欠缺，无证驾驶、酒后驾车、超速、超载、货车违法载客等各种交通违法行为频现。特殊的道路交通环境要求有先进的道路交通安全保障技术提供系统性的解决方案。

四、公路交通跨越式发展的时代要求

改革开放以后，特别是1998年中央作出扩大内需、实施积极财政政策以来，公路建设实现了跨越式发展。我国公路建设用二三十年的时间走过了发达国家五六十年的发展里程。农村公路在4年时间内净增48万km，这种公路建设速度在其他国家从未有过。可以说，包括农村

公路在内的我国公路建设历程被大大压缩了。这是时代发展的要求,更迫切需要以系统性的交通安全技术提供前瞻性的配套支撑,以实现公路交通的跨越式发展。

五、公路交通系统安全的内在需求

干线公路安保工程已实施多年,为保障干线公路行车安全、降低干线公路交通事故作出了重要贡献。目前,干线公路交通安全形势较为平稳并逐步改善,但是农村公路交通安全形势日益严峻。作为公路网的重要组成部分,农村公路行车安全性直接关系到公路网的行车安全性。也就是说,没有农村公路的交通安全就不可能有整个公路网的交通安全。而且,如果农村公路的交通安全得不到保障,最终将影响到干线公路的交通安全。因此,从公路交通系统安全的角度出发,目前开展农村公路交通安全保障技术研究也是非常必要的。

第二节　特殊性分析

实施公路安全保障工程是完善道路安全设施、改善道路交通安全的重要途径。农村公路现存的交通安全问题严重,亟须实施农村公路安全保障工程以改善交通安全。自 2004 年以来实施的公路安保工程积累了大量国省干线公路安全保障工程的处置经验。但是由于农村公路的特殊性,农村公路安保工程处置技术不能照搬国道、省道等干线公路。这些特殊性包括:

一、交通投资的特殊性

投资少是农村公路的重要特点。2006～2009 年,在各级政府都加大农村公路资金投入,全国农村公路建设步入快速发展新背景下,全国农村公路建设完成投资共 7 616.75 亿元,新改建农村公路 156 万 km,农村公路建设投资额仅占全社会公路建设投资规模的 26.02%。农村公路安保工程不可能有干线公路安保工程的投资规模,这就要求农村公路安保工程要在较低的投资水平下也要能达到较高的安全效果。因此,必须针对农村公路的实际情况,研究开发低成本的安全保障技术。

同时,农村公路的养护资金不足也是一个突出的问题。因此,除了研发低成本的安全保障技术措施之外,农村公路安全保障工程还特别需要低养护成本的安全保障技术措施。否则,如果设施养护成本太大,农村公路养护资金根本无法承担。

二、交通环境的特殊性

如表 3-1 所示,农村公路技术等级低,道路条件相对较差,普遍缺乏必要的交通安全设施,山区农村公路路窄、坡陡、线形差、自然条件恶劣,防护设施明显不足且缺乏维护;交通量相对较小,交通组成相对单一,以农用车和小型车辆为主;车辆行驶速度较低。农村公路如果照搬干线公路安保处置措施,将造成极大的浪费。因此,应针对农村公路的实际情况,研究开发适用于农村公路的安全保障技术。

农村公路与干线公路的不同点　　表 3-1

不　同　点	国省县等干线公路	农　村　公　路
路网中地位	支配、主导	补充、次要
技术等级	相对较高	相对较低
行驶车速	相对较高	相对较低
交通量	相对较大	相对较小
交通组成	丰富	相对单一，小型车和农用车为主，大型车较少

三、道路使用者的特殊性

农村公路道路使用者主要有两类人群：本地人和外地人（主要为外地自驾车游客）。在中国，大规模农村公路建设始于 2003 年，农村公路路况的好转时间并不长，本地人对路况的好转需要一个适应的过程；而且本地人交通安全意识相对较差，多为农用车驾驶员，其中有很多是没有经过培训考核的驾驶员。外地人因以前没有或很少接触农村公路，对农村公路路况更加不熟悉。因此，需要针对交通参与者的特殊性，开发适用于农村公路的安全保障技术。

四、交通工具的特殊性

农村公路上运行的车辆以农用车和小型车辆为主。这些车辆吨位小、运行速度慢。且农用车辆安全性能相对较差，运行安全隐患相对较大。甚至有些报废车辆和非法改装车辆上路行驶。因此，需要针对交通工具的特殊性，开发适用于农村公路的安全保障技术。

五、后期养护的特殊性

在我国，公路部门负责干线公路日常养护，农村公路的养护主体为公路所在地政府，而当地政府普遍欠缺公路后期养护的经验。因此，农村公路安全保障工程必须选择一些简单易行的技术措施，以降低后期养护的复杂性。

六、交通管理的特殊性

由于警力的限制，目前道路交通安全管理尚未延伸到农村公路。相当一部分农村公路交通安全基本处于无人管理的状态。无证驾驶、非法载客、酒后驾车等交通违法行为较为普遍，给农村公路交通安全带来了较大挑战。因此，需要针对交通管理的特殊性，开发适用于农村公路的安全保障技术。

七、工程施工的特殊性

大部分农村公路技术等级较低，路面宽度较窄，道路弯多曲折，大型施工机械无法到达部分农村公路路段，这就要求在确定农村公路安全保障工程采取的技术措施时要考虑到施工的特殊性，尽可能选择工序简单、少用或不用大型施工机械的技术措施。

同时，考虑到农村公路安全保障工程施工人员多为沿线居民，对公路安全保障工程施工不甚了解，因此更应该降低安全保障工程施工的复杂性。要使沿线居民在经过简单培训后就能掌握安全保障工程施工的技能。

正是由于农村公路的特殊性，使得农村公路安全保障工程处置技术若照搬干线公路，一方面不划算，不具有可行性，另一方面也完全没有必要。应开发适应于农村公路特点的安保工程技术措施，使得农村公路安保工程在较低的投入水平下能够达到较高的安全水平。从以上分析可以看出，低成本、易接受、便施工、少维护、高效益的处置措施是农村公路安保工程所必需的，这也是农村公路安全保障工程处置措施所需具备的特征。

第四章　现有常用安保技术适用性

第一节　现有干线公路常用安保技术

公路安全保障工程自2004年开始实施以来，主要实施对象是国省干线公路，并且在实施过程中积累了大量针对性强且有效的技术对策。这些对策措施已经在实践中得到了检验，实施效果也得到了充分验证。但是考虑到农村公路与这些干线公路有很大的不同，在农村公路安保工程处置过程中完全照搬干线公路这些成熟的技术措施是不现实的，也是完全没有必要的。应首先开展适用性研究，结合农村公路的实际情况，分析哪些措施可以直接用在农村公路上，哪些措施经过一定的修订后也可以用在农村公路上，哪些措施是不适宜用在农村公路上的。

干线公路安全保障工程是指对干线公路上影响行车安全的隐患路段采用交通工程等综合措施进行综合整治，并结合日常养护工作以提高公路行车安全性的工程。其实施目标是通过实施公路安全保障工程，完善公路引导、诱导及安全防护设施，最大限度地降低交通事故死亡率和特大交通事故发生率，为保障行车安全提供良好的公路环境。因此，本章主要从干线公路安全保障工程中常用的技术措施入手，以交通工程措施为主，分析其对于农村公路安全保障工程的适用性。

一、交通标志

标志：道路交通标志是显示交通法规及道路信息的图形符号。它可使交通法规得到形象、简明、具体的表达，同时还表达了难以用文字描述的内容。其具体作用是提供交通信息，起到道路语言作用；指挥控制交通，保障交通安全；指路导向，提高行车效率，是交通管理部门执法的依据。干线公路上一些常见的交通标志见图4-1。

交通标志对于公路交通运行和交通安全起着无可替代的作用，因此农村公路上仍然需要设置交通标志。

目前，干线公路上所用的交通标志立柱及横梁材料一般选用钢材，标志版面一般选用铝材。由于钢材及铝材材料密度相对较大，在同等体积下质量相对较大，因此所需要的标志基础也往往较大，这使得交通标志的建设成本相对较高。干线公路上一块单柱式标志的设置成本一般在千元以上，一块大型指路标志的设置成本多达两三万元甚至更高。另外，由于钢材及铝材的回收利用价值高，干线公路上的交通标志经常被盗，在偏远地区公路交通标志被盗情况更为严重。

农村公路技术等级相对较低，车辆行驶速度相对较小，所需的标志版面尺寸也相对较小。

因此,标志立柱及版面质量相对较小,所需要的标志基础也相对较小,农村公路交通标志设置成本较干线公路低。虽然如此,农村公路仍然无法承担干线公路交通标志那样的投资成本,仍然需要进一步降低交通标志设置成本。同时,必须解决好交通标志的防盗问题。只有这样,交通标志才能大规模地应用于农村公路安全保障工程中。

图 4-1 干线公路上常见的交通标志

二、标线

道路交通标线是由不同颜色的线条、符号、箭头、文字、立面、标记、突起路标和路边轮廓标等所组成,常敷设或施划于路面及构造物上。作为一种交通管理设施,标线起引导交通与保障交通安全的作用,具有强制性、服务性和诱导性。

1. 路面标线

道路路面标线作为一种重要的交通安全设施,对于维护交通秩序、保障交通安全具有无可替代的作用,其功能包括:

(1)分离不同的道路使用者,如机动车和非机动车等;

(2)规范不同的交通走向,如分离车流、规范交叉路口、指示道路出入口等;

(3)告知交通控制指令,向道路使用者提供必要的信息,如速度限制、道路标记、方向指示等;

(4)预告道路状况,如危险提示等;

(5)界定道路轮廓。

交通标线对于公路交通运行和交通安全具有无可替代的作用,因此农村公路上也需要设置交通标线。干线公路上常见的交通标线如图 4-2 所示。

图 4-2 干线公路上常见的交通标线

热熔型反光标线具有凝结迅速、黏结能力强、与软件反光效果好、抗滑、耐磨损、防污染性强、使用寿命长的特点，因此，目前在国省干线公路上获得了广泛应用。路面标线作为一种效益成本比较高的安全保障技术措施，能够直接应用于以沥青和混凝土为路面材料的农村公路上。其他路面材料农村公路由于与反光标线的黏结效果较差，所以不适合施划反光标线。

2. 突起路标

突起路标是固定于路面上起标线作用的突起标记块，可在高速公路或其他道路上用来标记中心线、车道分界线、边缘线；也可用来标记弯道、进出口匝道、导流标线、道路变窄、路面障碍物等危险路段。一般配合路面标线使用，或以模拟路面标线的形式使用。由于突起路标自身粘贴有反光材料或自身能够反射灯光，夜间在汽车车灯照射下能够清晰地反映出车道或道路轮廓，为交通安全提供保障。在一定程度上可以说突起路标就是夜间的标线，因此在干线公路上获得了较广泛应用，干线公路上常见的突起路标见图 4-3。

图 4-3 干线公路上常见的突起路标

近年来，以高晶硅钢化玻璃为材料制作成的反光道钉获得了广泛应用。这种反光道钉实质上也是突起路标的一种形式。它由两个直径不同的玻璃半球体组合而成，露出地面为半球，接收任何方向入射光源，360°范围内反光效果一致。具有表面硬度强，耐磨损的特点；凸出部分呈半圆球形，无棱角，行车顺畅，车辆在高速行驶穿越车道时有振动提示功能；多次与车辆接触磨损不影响反光效果。在生产过程中经过研磨、抛光处理，表面光洁度可达光学Ⅲ～Ⅳ级，具有自洁、保洁功能，不留灰尘，不积泥沙，不需要清洁。钢化玻璃反光道钉具有以下高效、安全、节能的优势：(1)反光无死角，具有 360°反光引导功能。(2)高能见度，在雨天因反光标线被水淹没失去反光效果后，在雾天能见度很低的情况下，仍能够保持反光效果。

突起路标(反光道钉)作为一种效益成本比较高的安全保障技术措施，能够直接应用于以沥青和混凝土为路面材料的农村公路上。其他路面材料农村公路如果解决好突起路标黏结问题也可使用。

图 4-4　干线公路上使用的分道体

3. 分道体

分道体是突起路标的一种特殊形式，由底座、反光片和弹性胶旗组成，弹性胶旗采用高弹性、耐候性的工程塑料，能够承受车辆冲撞，碰撞后能迅速恢复原状，一般沿道路中间线设置，用于分隔对象车道、指示道路前进方向、具有逆反射性能、并具有一定隔离作用的交通安全设施，见图 4-4。主要用于经常发生车辆压线或越线行驶情况的弯道上。

分道体的特点是立面标志明显，在突起路标上装有一个弹性胶旗，颜色鲜艳，胶旗正面对着车辆，使司机很容易发觉，并回避碾压。胶旗上有反光材料，即使在夜间或雨天，分道体也能起到明显的作用。

由于分道体的独特作用，其在干线公路上获得了一定范围的应用。但分道体由于其自身存在的问题，极大地限制了应用的范围。这些问题主要表现在胶旗部分，胶旗材料使用橡胶材料，橡胶材料抗老化性差，分道体的胶旗部分易撕裂；胶旗部分结构不合理，为金鸡独立式结构，胶旗根部受应力集中，倒地后反弹不起来。另外，在干线公路上，由于重型车辆较多，分道体经不起长时间的碾压，胶旗部分撕裂以及反弹不起来的情况经常发生，使其丧失分道的功能。这样，分道体的维护成本大幅上升。目前，这种分道体在干线公路安全保障工程中很少被使用。

大部分农村公路技术等级较低，路面宽度较窄，车辆行驶时压线或越线行驶的概率更高，因此更需要像分道体这样的交通安全设施，以保证行车安全。但是，由于传统意义上的分道体本身存在一定的缺陷，所以有必要对传统意义上的分道体进行改进设计或研究开发新型的、能够起分道作用的设施或设备用于农村公路安全保障工程中。

三、视线诱导设施

1. 线形诱导标

线形诱导标用于引导车辆驾驶人改变行驶方向，促使安全运行。线形诱导标根据需要一般设置于易发生事故的弯道路段外侧、小半径匝道曲线外侧，且一般设置于发生事故概率低、事故严重程度小、路侧危险程度不大、线形指标较差的路段。也可与路侧防护设置相配合设置于路侧危险程度大且线形指标较差的路段，如图 4-5 所示。

由于线形诱导标具有强烈的方向指引作用，能够有效地引导车辆行驶，特别是在夜间作用更加突出，因此近年来在干线公路安全保障工程中获得了广泛应用，其效益成本比较高，也适合在农村公路安全保障工程中广泛应用。

目前，干线公路上线形诱导标立柱一般选用钢材，诱导标版面一般选用铝材。由于钢材及铝材材料密度相对较大，在同等体积下质量相对较大，因此所需要的基础也往往较大，这使得交通标志的建设成本相对较大。另外，也存在诱导标立柱和标志版被盗的可能。

图 4-5　干线公路上使用的线形诱导标

农村公路因技术等级较低，公路设计速度也较低，所需要的线形诱导标版面尺寸相对较小。农村公路线形诱导标的设置成本较干线公路低。但是，由于大部分山区农村公路线形较差，诱导标的设置需求很大，所以仍需要想方设法地进一步降低线形诱导标的设置成本，并解决好线形诱导标的防盗问题。只有这样，线形诱导标才能大规模应用于农村公路安全保障工程中。

2. 轮廓标

轮廓标是沿道路两侧边缘设置的、用于指示道路前进方向、具有逆反射性能的交通安全设施。根据其附着方式不同可分为柱式轮廓标和附着式轮廓标，见图 4-6、图 4-7。

轮廓标广泛应用于公路、桥梁、隧道，一般以单个形式沿道路线形连续设置于路侧或牢固地固定于路侧防护设施上，夜间通过反射均匀光线，能够起到诱导驾驶员正确把握行车方向的作用，是一种应用广泛的视线诱导设施。一般设置于发生事故概率低、事故严重程度小、路侧危险程度不大、线形指标较好的路段，或与路侧防护设置相配合设置于路侧危险程度大且线形指标较好的路段。特别在弯道处，山区道路及连续弯路路段，其作用更加突出，可有效降低交通事故发生的概率。

图 4-6　干线公路上使用的柱式轮廓标

目前，柱式轮廓标柱体多采用合成树脂类材料，合成树脂类材料包括聚乙烯、玻璃纤维增强塑料、聚碳酸酯树脂、PVC 树脂等。

轮廓标因成本低、效果好，在干线公路安全保障工程中得到了广泛应用。轮廓标可以直接应用于农村公路安全保障工程中去，但仍需要采取措施进一步降低轮廓标的设置成本。

图 4-7　干线公路上使用的附着式轮廓标

3. 示警桩、示警墩

示警桩、示警墩是轮廓标的一种特殊形式，能够起到提示、诱导、指示等作用，见图 4-8。示警桩、示警墩是干线公路上应用最为广泛的交通安全设施之一。在干线公路安全保障工程实施前，除标志和标线外，干线公路上最常见的交通安全设施就是示警桩和示警墩。其中示警墩一般又被用于路侧防护，尽管其基本无防护能力或防护能力有限。

示警桩、示警墩一般设置于发生事故概率低、事故严重程度小、路侧危险程度不大、线形指标较好的路段。特别在弯道处，山区道路及连续弯路路段。示警桩多为钢筋配混凝土材料制成，示警墩多为钢筋配混凝土材料或块石配混凝土垒砌而成，外涂红白相间漆。

图 4-8　干线公路上使用的示警桩和示警墩

示警桩、示警墩也适用于农村公路安全保障工程。但是，由于传统意义上的示警桩、示警墩施工工序较为复杂，成本相对较高，因此有必要改进示警桩、示警墩的设计，在保证设施功能的前提下，进一步降低示警桩和示警墩的设置成本。

四、控速设施

1. 减速丘

减速丘是指在路幅宽度范围内较正常路面高度隆起的强制性减速措施，一般采用沥青混凝土或水泥混凝土两种材料。减速丘可分为大型减速丘和小型减速丘。大型减速丘沿公路纵向长度一般为 5～10m，宽度一般与路幅同宽或稍窄，高度一般为 5～10cm，可以有效地降低车速，但是对行车舒适性有一定影响，见图 4-9。减速丘一般可根据公路和车速条件在进入弯道(或村庄)前的路段上设置，目的是降低车辆进入弯道(或村庄)的行驶速度。在设置减速丘时，应相应设置标志和标线，以警告和提醒驾驶员前方道路隆起，如图 4-10 所示。

图 4-9　大型减速丘

减速丘设置的设置成本较高。一般情况下施工时还要破坏路面，如果减速丘和原有路面结合不好，易造成接缝处开裂而使水渗入路基造成病害。由于减速丘为高出路面的强制性减速设施，减速效果非常明显。但如果车辆驶入减速丘前没有把速度降下来而通过减速丘，极易诱发交通事故。因此，如何更加清楚地向车辆驾驶者告知前方设置有减速丘、使车辆自行主动减速是必须解决的问题，否则减速丘本身将是一个重大的安全隐患。

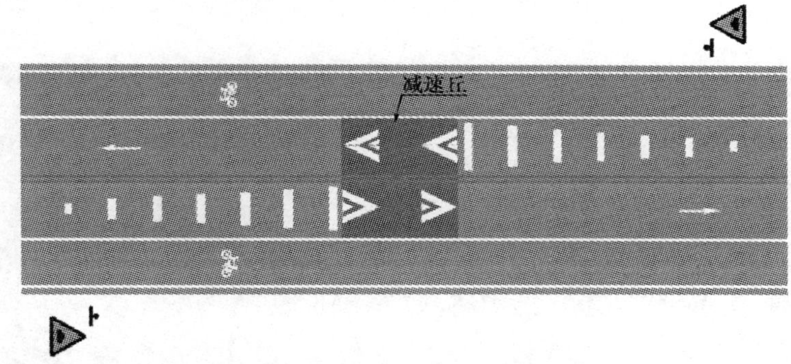

图 4-10　《道路交通标志和标线　第 2 部分：道路交通标志》(GB 5768.2—2009)中规定的减速丘标志标线设置

减速丘虽然能够有效地降低车速，但由于其设置成本较高、对施工工艺要求也较高，同时又存有一定的安全隐患，因此减速丘在干线公路安全保障工程中没有得到较大规模的应用。考虑到安全因素，减速丘一般不设置在主路上，多设置在支路车辆进入主路前的支路上，以降低支路车辆进入主路时的速度，减少对主路车辆的影响和安全隐患。

在一些安全隐患路段，有效地降低车辆运行速度是保障农村公路交通安全的主要措施之一。但是由于减速丘存在的一些问题，减速丘不太适合在农村公路上大规模使用，应研发其他类型的减速设施。在农村公路与干线公路交汇处或乡镇区所在地道路(车辆行车速度相对较慢)可以考虑设置减速丘，但应通过标志和标线等提醒驾驶人前方设置有减速丘。

2. 减速标线

减速标线分为路段收费站减速标线和车行道减速标线。公路安保工程中使用较多的是车行道减速标线。车行道减速标线设置于弯路、坡路、隧道洞口前、长下坡路段及其他需要减速的路段前或路段中的机动车行车道内。设置于需要减速路段前和路段中的车行道减速标线的标线宽度、间距和组数应有所区别。车行道减速标线又可分为车行道横向减速标线和车行道纵向减速标线，见图 4-11、图 4-12。无论设置哪一种减速标线，都要求横向标线的抗滑能力至少不低于路面的抗滑能力的要求，尤其是设置在弯道上的横向标线。

图 4-11　车行道横向减速标线

图 4-12　车行道纵向减速标线

减速标线在白天的使用效果优于夜间。在施划初期，减速标线的效果较好，但随着时间的推移，有效性会逐渐降低。同时需要解决减速标线的抗滑性问题，如果解决不好，减速标线的抗滑能力低于原路面的抗滑能力，将会带来安全隐患。减速标线可以采用振动标线形式。

减速标线具有良好的减速效果，适用于农村公路安全保障工程，但不及减速丘的减速效果。且由于农村公路交通量相对较小，减速标线的使用寿命将比在干线公路上长。

3. 视错觉标线

视错觉标线是运用人眼对不同标线的主观错觉，使驾驶员感觉到前方路面变窄、有障碍物等危险情况，并使驾驶员采取减速措施使车辆减速达到安全行驶的目的。一般沿车道中心线或车道边缘线设置，也有设置在行车道中间，见图 4-13。

图 4-13　视错觉标线

视错觉标线在干线公路安全保障工程获得了较好应用，且已取得较好的应用效果，并在国内部分城市道路上获得了应用。但是，不可否认的是，由于视错觉标线不是真实的障碍物，对于初次见到的驾驶员可能会取得较好的作用，而后其减速作用将会降低甚至消失。因为驾驶员已认识到他所见到的只是标线，即使不减速也将会很安全通过。干线公路过境车辆居多，多数为外地驾驶员，对施划在本地路面上的视错觉标线不是特别熟悉，因此减速效果较好。但由于农村公路主要为当地农民群众服务，沿线群众对于农村公路上的细微变化都了如指掌。因此，施划于农村公路上的视错觉标线可能不会起到较好的作用。也就是说，视错觉标线不适用于大规模应用于农村公路安全保障工程。

4. 比利时路面

典型的比利时路面，见图 4-14，也称块石路，可以有效地降低车速，但对行车舒适性有一定影响。一般设置在平曲线前的直线段，以便降低车辆进入弯道时的速度。在设置比利时路面的时候，需要注意路面排水处理，防止水渗入路基造成病害。

图 4-14　比利时路面

比利时路面是一种强制减速设施，车辆驶入后因路面块石的高低不平，车辆会出现颠簸现象。车速越快，颠簸越剧烈，这样就迫使驾驶员降低车速以提高行车舒适性。因此，比利时路面有较好的减速效果。但是，设置比利时路面时需要开挖路面，对路面将造成一定程度的破坏，需要花费较大的建设成本。

比利时路面具有较好的减速效果，且其建设原材料为山区农村公路丰富的石材资源。因此，比利时路面非常适合应用于农村公路安全保障工程。实际上，部分农村公路本身就是块石路，见图 4-15、图 4-16。采用块石路面的最主要原因是为了降低农村公路建设的成本。这些块石路除了能够降低农村公路建设成本，同时也是非常有效的减速设施，起到了降低车速、降低事故风险的作用。

由于设置比利时路面需要开挖原有路面，在沥青或水泥混凝土农村公路路面建成后再刨开进而设置比利时路面是不可取的。因为这需要花费额外的建设成本，还有可能对原有路面造成破坏。因此，推荐在农村公路建设期间就考虑在安全隐患路段前设置比利时路面，以保障行车安全。

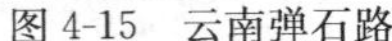

图 4-15　云南弹石路

图 4-16　北京石块路

五、防护设施

防护设施主要设置于公路两侧或中央分隔带，用以防止车辆驶出公路或闯入对向车道。其作用是一旦车辆发生事故，可使其对乘客的伤害及对车辆的破坏减少到最低限度，同时防护设施对驾驶员具有一定的视线诱导作用。

在干线公路安全保障工程中，护栏按碰撞条件分为 B、A、SB、SA 四级，各等级护栏碰撞条件如表 4-1 所示。

干线公路护栏碰撞条件　　表 4-1

等　级	碰撞车速(km/h)	车辆质量(t)	碰撞角度(°)	碰撞能量(kJ)	加速度(m/s^2)
B	40	10	20	70	≤200
A、Am	60	10	20	160	≤200
SB、SBm	80	10	20	280	≤200
SA、SAm	80	10	20	400	≤200

注：任一等级护栏需满足 1.5t 小车、100km/h 碰撞车速、20°碰撞角的碰撞试验的验证。

大部分山区农村公路线形条件较差，路侧险要路段占有较大比例，车辆驶出路侧的可能性大，设置防护设施的需求较大。

由于农村公路交通量组成以农用车辆和小型车辆为主，车辆运行速度相对于干线公路要低，因此，在一般情况下如果按照干线公路护栏碰撞条件设置农村公路路侧护栏，将是一种极大的浪费。需要针对农村公路的具体情况，研究开发适用于农村公路的路侧护栏。当然，这并不代表农村公路安全保障工程排斥碰撞等级较高的干线公路护栏。在一些特殊路段，如交通事故多发、车辆驶出路侧的可能性较高和路侧危险程度较高的路段，仍然有设置较高碰撞等级护栏的需求，需要根据农村公路的具体情况，选择适当碰撞等级的护栏。

在干线公路安全保障工程中，波形梁钢护栏、混凝土护栏和缆索护栏应用最为广泛，是最为常见的路侧防护设施。

1. 波形梁钢护栏

波形梁钢护栏是一种半刚性护栏，其防撞性能是通过车辆与护栏之间的摩擦、车辆与地面的摩擦以及车辆和护栏本身产生一定的弹、塑变形(以护栏系统的变形为主)来吸收碰撞能量，延长碰撞过程的作用时间以降低加速度，确保人员安全和减少车辆损坏等，见图 4-17。

图 4-17　波形梁钢护栏

波形梁钢护栏的建设成本较大，且由于波形梁钢护栏与车辆发生碰撞后护栏板需要及时更换，因此波形梁钢护栏的维护成本也较大。基于这样的原因，在建设和维护资金较紧张的情况下，波形梁钢护栏不太适合在农村公路安全保障工程中大规模使用。

2. 混凝土护栏

混凝土护栏是一种刚性护栏，是具有一定断面形状的墙式护栏结构，见图 4-18。当汽车与护栏碰撞时，在瞬间移动荷载作用下，基本上护栏不移动不变形(完全刚性状态)，碰撞过程中的能量主要是依靠汽车与护栏面接触并沿着护栏面爬高和转向来吸收，同时碰撞汽车也恢复到正常行驶方向。

混凝土护栏的建设成本较大，施工也较为复杂，但由于混凝土护栏为刚性护栏，与车辆发生碰撞后混凝土护栏的变形极小，所以其维护成本也相对较小。基于此原因，如果建设资金充足，但缺乏维护资金，在农村公路安全保障工程中可以考虑设置混凝土护栏。

图 4-18　混凝土护栏

3.缆索护栏

缆索护栏是一种柔性护栏，是具有较大缓冲能力的韧性护栏结构，见图 4-19。缆索护栏是以数根施加了初拉力的缆索固定于支柱上的结构，完全依靠缆索的拉应力来抵抗车辆的碰撞，吸收碰撞能量。

图 4-19 缆索护栏

缆索护栏的建设成本较大，且由于缆索护栏依靠缆索的变形来吸收车辆的能量，与车辆发生碰撞后，如果缆索超出弹性范围需要及时更换，因此缆索护栏的维护成本也较大。基于这样的原因，缆索护栏不适合在农村公路安全保障工程中大规模应用。在一些建设和养护资金充裕的旅游公路上，可适当考虑设置一定数量的缆索护栏。

六、其他措施

1.移除障碍物

在某些路段路肩上存在有巨石、电线杆和大树，道路净空被公路上方山体侵占，这些都可能对公路行车安全造成影响，需要及时移除或清除这些障碍物以保证行车安全，如图 4-20 所示。

a)移除前

b)移除后

图 4-20 移除障碍物

移除或清除障碍物成本高低不定，但其作用非常巨大，使安全隐患及时得以消除，行车安全得以保障。这种技术措施不仅适用于干线公路安全保障工程，也适用于农村公路安全保障工程。

2. 改善视距

视距是行车安全的重要保障。弯道是视距不良的高发路段，由于弯道内侧山体或树木的遮挡，经常导致对撞事故的发生，对行车安全造成极大隐患。

在干线公路安全保障工程中，改善视距的主要方式有：修剪弯道内侧树木、削减弯道内侧山体、设置反光镜，见图 4-21。

a）修建弯道内侧树木

b）反光镜

图 4-21　改善视距

改善视距的成本较低，但其作用非常巨大，使安全隐患及时得以消除，行车安全得以保障。这种技术措施不仅适用于干线公路安全保障工程，也适用于农村公路安全保障工程。

3. 设置避险车道

避险车道是设置在连续长大下坡路段的、专供刹车失灵货车使用、依靠重力或滚动阻力使刹车失灵货车逐渐降速直至停车的特殊设施。常用的避险车道为上坡制动床型避险车道，在因空间位置所限不能建造上坡制动床型避险车道时，可考虑建造沙堆型避险车道，见图 4-22。

在干线公路安全保障工程实施过程中，全国范围内设置了大量避险车道。据不完全统计，目前全国避险车道设置数量已超过 200 条。避险车道对于遏制因连续下坡持续制动而导致的刹车失灵事故起到了极其关键的作用，避免了多起重特大交通事故的发生。

连续长大下坡往往是重特大事故高发路段，究其原因，除了道路因素之外，车辆超载是导致刹车失灵的重要诱因。因此，干线公路上避险车道的设置需求比较强烈。而且从长大下坡路段刹车失灵事故分析来看，发生刹车失灵事故绝大多数为外地驾驶员驾驶的情况。这主要是因为外地驾驶员对当地路况不熟悉，没有预见到超载和连续下坡对于行车安全带来的隐患，制动措施不恰当，车辆在较短时间内就出现刹车失灵情况，进而发生事故。农村公路上虽然货车极少，但仍有大量农用运输车，不排除农用运输车超载的情况。虽然农村公路驾驶员多为当地群众，对当地路况较熟悉，发生刹车失灵事故的可能性相对较低，但仍然不能排除发生刹车失灵事故的可能性。因此，农村公路仍然存在避险车道的设置需求。

图 4-22　沙堆型避险车道

但由于干线公路上设置的上坡制动床型避险车道投资巨大，且需要有较大的路侧空间可以利用，农村公路路侧可利用的空地极小，因此，上坡制动床型避险车道不适用于农村公路安全保障工程。由于沙堆型避险车道投资较小，且不需要较大的空间位置，所以沙堆型避险车道更适合于农村公路安全保障工程。

根据以上对现有干线公路安全保障工程常用技术措施的分析，从成本、效益、效益/成本、施工复杂程度、后期养护成本等角度总结了 6 大类、22 种具体技术措施对于农村公路安全保障工程的适用性，见表 4-2。

其中：标志、路面标线、突起路标、线形诱导标、轮廓标、示警桩和示警墩、减速标线、比利时路面、移除巨石、移除线杆和树木、修剪弯道内侧树木、反光镜、沙堆型避险车道等 13 种技术措施较适合在农村公路安全保障工程中大规模应用。但在大规模应用之前还应注意解决一些问题："标志"和"线形诱导标"应尝试采取措施进一步降低建设成本，并应解决好防盗问题；"轮廓标"应尝试采取措施进一步降低建设成本；"示警桩、示警墩"应尝试采取措施进一步降低建设成本和施工复杂程度；"比利时路面"应在农村公路建设期间提前设置，而不是在沥青或水泥混凝土路面建成后再刨开设置比利时路面。

在 22 种现有干线公路安全保障工程常用技术措施中，分道体、减速丘、视错觉标线、波形梁钢护栏、混凝土护栏、缆索护栏、削减侵占净空山体、削减弯道内侧山体、设置上坡制动床型避险车道等 9 种技术措施不适合在农村公路上大规模应用。在这 9 种技术措施中，"分道体"应研发替代措施；"减速丘"应研发其他类型控速措施；对于"波形梁钢护栏"、"混凝土护栏"和"缆索护栏"应研发低碰撞能量护栏和研发新型防护设施；"削减净空"应在农村公路建设期间提前实施。

表 4-2

现有干线公路安全保障工程常用技术措施适用性一览表

序号	主要措施			成本	效益	效益/成本	施工复杂程度	后期养护成本	是否适合农村公路大规模应用	需要解决的问题
1	标志			中	高	高	中	低	是	进一步降低建设成本；解决防盗问题
2	标线	路面标线		低	高	高	低	低	是	
3		突起路标		低	高	高	低	低	是	
4		分道体		低	低	低	低	高	否	研发替代措施
5	视线诱导措施	线性诱导标		低	高	高	低	低	是	进一步降低建设成本；解决防盗问题
6		轮廓标		低	高	高	低	低	是	进一步降低建设成本
7		示警桩、示警墩		低	高	高	中	低	是	进一步降低建设成本和施工复杂程度
8	控速措施	减速丘		高	高	中	高	低	否	研发其他类型减速措施
9		减速标线		中	高	中	中	中	是	
10		视错觉标线		中	低	低	中	中	否	
11		比利时路面		高	高	中	高	低	是	建设期提前设置
12	防护措施	波形梁钢护栏		高	高	高	中	中	否	研发替代措施；研发低碰撞能量护栏
13		混凝土护栏		高	高	中	高	低	否	
14		缆索护栏		高	中	中	高	高	否	
15	其他措施	移除障碍物	移除巨石	低	高	高	低	无	是	
16			移除线杆、树木	低	高	高	低	无	是	
17			削减侵占净空山体	高	高	中	高	无	否	建设期应保证道路净空
18		改善视距	修剪弯道内侧树木	低	高	高	低	无	是	
19			削减弯道内侧山体	高	高	中	高	无	否	
20			设置反光镜	低	高	高	低	低	是	
21		设置避险车道	上坡制动床型避险车道	高	高	中	高	高	否	
22			沙堆型避险车道	低	低	高	低	低	是	

第二节　现有农村公路常用安保技术

在现有国内外农村公路上，除了符合相关技术标准规范的安全保障处置技术之外，还有许多较为简易的安全处置对策。这些处置措施大多为国内外农村公路管理者和沿线居民创造出来的“土”办法。这些处置措施中，经过实践检验，有些措施对保障农村公路交通安全行之有效，且投资较小，施工方便。这些“土”措施，大部分是技术标准规范的有效补充，经论证后完全可以用于农村公路安全保障实施工作中。

一、警告类措施

1. 简易型标志

我国云南省昆明市在农村公路安全保障工程中充分利用山区公路沿线的石材资源，在路侧设置了简易型的警告标志，将警告信息刻画在石材上，提醒驾驶员注意行车安全，见图 4-23。

图 4-23　简易型标志

简易型石材标志既利用了山区农村公路沿线丰富的石材资源，又节省了传统标志所需要的标志立柱和版面。既达到了节省建设资金的目的，也利用了废旧资源。同时，这种类型的标志建成以后，基本无须维护。因此，较适合用于农村公路安全保障工程。

2. 建议速度标志

在驾车行驶过程中，驾驶员往往不是根据道路限速值来选择自己车辆的运行速度，而是根据周围道路环境的具体情况进行确定。有必要在弯道等危险路段前设置一个建议速度标志，使驾驶员能够提前采取措施减低车速，国外乡村公路上设置的建议速度标志如图 4-24 所示。

图 4-24　国外乡村公路上设置在弯道之前的建议速度标志

建议速度标志一般不单独使用，宜与其他警告标志联合使用或附加辅助标志，以说明建议速度的原因或路段位置、长度。建议速度和限制速度不同，仅表示警告和建议。建议速度标志版面形状为矩形，版面颜色为黄底黑字。目前，我国国家标准《道路交通标志和标线 第2部分：道路交通标志》(GB 5768.2—2009)已对建议速度标志的设置作出了规定。

建议速度是保证车辆顺利通过前方路段的安全车速。只要车辆遵守这一速度，就能够保障车辆顺利通过相应路段。它具有投资不大、作用显著的特点，适用于农村公路安全保障工程。

3. 速度限制路面标记

将线路或路段限速值以路面标记形式施划于路面上，提示驾驶员注意并遵守道路限速，如图4-25所示。

图4-25　国外农村公路设置的速度限制路面标记

我国国家标准《道路交通标志和标线 第3部分：道路交通标线》(GB 5768.3—2009)也规定了速度限制路面标记的设置方法，见图4-26。

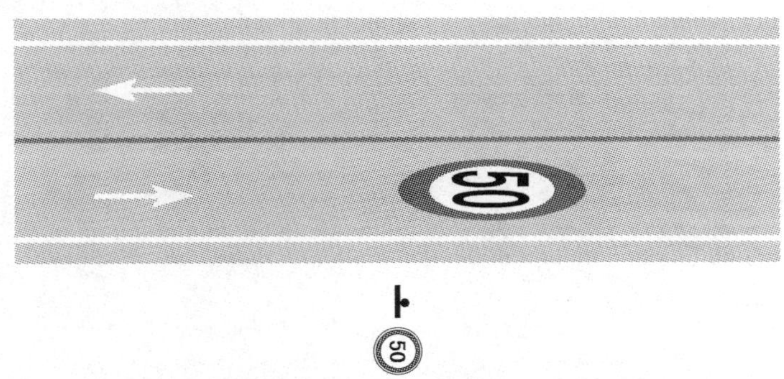

图4-26　《道路交通标志和标线 第3部分：道路交通标线》(GB 5768.3—2009)中规定的速度限制路面标记

速度限制路面标记一般设置于交通量相对较小的公路上，这主要是为了保障速度限制路面标记的视认效果。一般不设置于交通量大、可能经常发生拥堵的城市道路。绝大多数农村公路交通量较小，非常适合速度限制路面标记的施划条件。且由于交通量较小，速度限制路面标记的磨损也将较小，这使得速度限制路面标记的寿命得以延长。

4. 警告类路面标记

将"慢"等警告类标记内容施划于路面上，提示驾驶员注意前方路况。

这类标记一般应设置在交通量相对较小的公路上，以保障标记的视认效果。一般不设置于交通量大、可能经常发生拥堵的城市道路上。警告类路面标记节省了交通标志所需要的基础、立柱和版面，且因为施划在路面上，保证了视认效果，特别适用于农村公路安全保障工程。

(1)慢

将“慢”的标记施划于路面上，提示驾驶员应慢速行驶，如图 4-27 所示。

(2)慢＋急弯

将“慢”和“急弯”标记施划于路面上，提示驾驶员车辆运行前方有向右急弯，应慢速行驶，如图 4-28 所示。其中，急弯标记应注意和“右转车道箭头”区分，以免发生混淆，引起驾驶员误解，否则极易成为交通安全隐患。

图 4-27 “慢”警告类路面标记

图 4-28 “慢＋右转急弯”警告类路面标记

5. 振动带

振动带通过车轮驶过事先在路面上刻好的凹槽时发生的振动和声音来提示驾驶员注意车辆行驶方向。一般设置于道路中心线，称为“路中振动带”，或设置于道路边缘线，称为“路肩振动带”，见图 4-29。

图 4-29 路肩和路中振动带

振动带在国外应用较为广泛，国内近年来部分省市高速公路上也有应用。振动带的效果非常显著，能够有效地避免车辆侵入对向车道或驶出路外。但是，振动带对路面构成了一定程度的破坏。同时，由于振动带只是通过振动和声音提醒驾驶员注意车辆行驶方向，因此路肩振动带外应留有一定的安全距离以使车辆有足够的安全空间返回正常行驶车道。否则，车辆将驶出路肩，可能发生安全事故。农村公路宽度较窄，路肩没有足够的安全空间，因此路肩振动带不太适合应用于农村公路上。同时，由于农村公路路面面层相对较薄，振动带极易对路面面层造成较大破坏。因此，虽然振动带效果较好，但这种类型的振动带不太适合应用于农村公路上。应研发其他类型的振动带，减少对路面可能的破坏。

二、诱导类措施

护栏加贴反光带：在波形梁钢护栏或混凝土护栏上加贴反光带，如图4-30所示，比附着轮廓标的视线诱导作用更为明显，特别是在夜间。这种技术措施将能极大地提高这些路段夜间的行车安全性，而且成本极低，非常适用于农村公路安全保障工程。

图4-30　护栏加贴反光带

三、预防类措施

1. 安全边

铺设无路侧路缘石路面沥青时，在路肩边缘沥青上下边缘将形成一斜边，这个斜边称为安全边，见图4-31。国外研究显示，这一斜边与水平方向的夹角如果大于45°，车辆驶过时将可能导致车辆失控；不超过45°时，车辆不会失控，能够回到正常行驶轨道。

2. 平整降缓边坡

路侧边坡的陡与缓对于路侧事故及其严重程度具有重大影响。研究显示，车辆驶入坡度缓于1∶4的边坡能够保障安全，陡于1∶4的边坡将可能导致车辆发生危险。因此，平整边坡，降低边坡的坡度(图4-32)对于预防和降低路侧事故发生率及严重程度具有重要意义。路侧边坡平整降缓后，车辆即使驶出路面后也不致失控翻滚。驾驶员将能从容地操作车辆停车或重新驶入路面，进入正常行驶轨道。

平整降缓边坡同样适用于农村公路。

图 4-31　安全边

图 4-32　平整降缓边坡

3. 照明

在一些夜间事故高发路段提供照明设备(图 4-33),可以使夜间行驶时驾驶员能够看清道路方向及分清危险因素。美国明尼苏达州的研究显示,照明是效益成本比最高的安全措施,其效益成本比可达到 21.0。

照明的作用在我国没有得到充分重视,干线公路安全保障工程实施中没有得到应用。一方面是因为重视不足,另一方面是因为道路沿线无法提供照明所必需的电源。可以考虑在农村公路安全保障工程中用太阳能供电方式解决照明所需的电能问题。

4. 错车区

农村公路路面宽度较窄,遇有对向来车,仅靠原有道路路面错车十分困难。在宽度较窄的农村公路上,应间隔一定距离加宽路面,设置错车区,供车辆错车或临时停车使用,如图 4-34 所示。

图 4-33　照明

图 4-34　错车区示意图

四、控速类措施

1. 龙齿状路面标记

龙齿状路面标记为沿车道方向纵向排列的三角状白色标记,横向为相对的两个三角形,见图 4-35。沿行车方向同一道路断面上两相对三角形的顶角之间的距离逐渐减小,沿行车方向排列的三角状白色标记之间的距离逐渐减小。车辆经过时,驾驶员将感觉到车辆正在加速,使驾驶员采取措施降低车速。

2. 锯齿状路面标记

与龙齿状路面标记相似，锯齿状路面标记为沿车道方向纵向排列的条状白色标记，见图 4-36。沿行车方向排列的条状白色标记之间的距离逐渐减小。车辆经过时，驾驶员将感觉到车辆正在加速，使驾驶员采取措施降低车速。

图 4-35　龙齿状路面标记

图 4-36　锯齿状路面标记

3. V 形路面标记

与龙齿状路面标记和锯齿状路面标记相似，V 形路面标记为 V 字形的路面标记，沿行车方向排列，见图 4-37。两个 V 形块之间的间距沿着行车方向逐渐减小。车辆经过时，驾驶员将感觉到车辆正在加速，使驾驶员采取措施降低车速。

图 4-37　V 形路面标记

V 形路面标记一般设置在弯道之前或进入交叉口之前，一般用振动标线施划，降速效果非常显著，使车辆能以较低的速度驶入弯道或驶入交叉路口。

4. 窄化车道

研究显示，驾驶员往往是根据道路环境的具体情况选择车辆行驶速度。其中道路（车道）的宽和窄是驾驶员选择车辆行驶速度的重要因素。一般而言，道路（车道）宽，驾驶员选择的车辆行驶速度就高，道路（车道）窄，驾驶员选择的车辆行驶速度就低。

窄化车道就是利用驾驶员的这种车速选择心理，将原本较宽的车道人为地进行窄化处理(图 4-38)，使驾驶员感觉到车道变窄，自觉地降低车辆行驶速度。

5. 喷涂路肩

将路肩喷涂成不同颜色，使道路(车道)看起来显得更窄，可以使车辆驾驶员主动减速，见图 4-39。此措施建设成本较大，一般仅适用于风景秀丽的乡镇中心区街道。

图 4-38　窄化车道

图 4-39　喷涂路肩

五、防护类措施

1. 混凝土护栏附着废旧轮胎

在原有混凝土护栏内侧附着废旧轮胎(图 4-40)，利用废旧轮胎的弹性特性，避免了车辆与混凝土护栏直接碰撞可能造成的较为严重的损失。

2. 桶装集料“护栏”

将集料桶装满集料后间隔设置于路侧(图 4-41)，充当路侧“护栏”(实际上只能起到防撞墩的作用)。集料桶外侧为红白相间反光漆。

图 4-40　混凝土护栏附着废旧轮胎

图 4-41　桶装集料护栏

3. 花盆式防护墩

在路侧景色秀美且路肩较宽的路段，可以间隔设置矩形状中空挡墙，挡墙中间放置泥土，栽植观赏性植物，从而构成花盆式防护墩，如图 4-42 所示。

4. 栽石"护栏"

将尺寸相近的大块石头依次间隔放置于路肩，石头外侧中间部位喷涂红漆，可以构成"栽石护栏"，如图 4-43 所示。由于山区农村公路石材资源丰富，所以"栽石护栏"建设成本较低。但是由于石头没有生根，仅依靠自身抵御外部撞击，因此其防撞等级较低，很大程度上起到的是示警墩的作用。

图 4-42 花盆式防护墩

图 4-43 栽石"护栏"

5. 土挡墙或碎石挡墙

将路侧闲置泥土或碎石沿路侧堆积起来，只要挡墙和碎石达到相当大的尺寸，就可以起到挡墙的作用，并且有一定的防护能力。泥土或碎石逐渐沉结，夹杂在泥土和碎石堆中的草种发芽生长，经过几年时间，土挡墙和碎石挡墙将与周围环境逐渐融合，如图 4-44、图 4-45 所示。

图 4-44 土挡墙

图 4-45 碎石挡墙

这种技术处置措施要求安全隐患点(路段)具有相对较宽的路肩。由于山区农村公路石材资源较为丰富，因此这种技术处置措施较适合于山区农村公路安全保障工程。

根据以上对现有国内外农村公路安全保障工程常用技术措施的分析，从成本、效益、效益/成本、施工复杂程度、后期养护成本等角度总结了 5 大类、20 种具体技术措施对于农村公路安全保障工程的适用性，见表 4-3。

其中：简易型标志、建议速度标志、速度限制路面标记、警告类路面标记、护栏加贴反光带、安全边、平整降缓边坡、照明、错车区、龙齿状路面标记、锯齿状路面标记、V 形路面标记、窄化车道、混凝土附着废旧轮胎、桶装集料护栏、花盆式防撞墩、栽石护栏、土挡墙或碎石挡墙等18种技术措施较适合在农村公路安全保障工程中大规模应用。但在大规模应用之前还应注意解决一些问题：进一步改进各处置措施的设计；"安全边"应在农村公路建设期间设置。

在20种现有农村公路安全保障工程常用技术措施中，振动带和喷涂路肩等2种技术处置措施不适合在农村公路上大规模应用。其中"振动带"应研发替代方案；"喷涂路肩"仅适合于风景秀丽的乡镇中心区街道上使用。

表 4-3

现有农村公路安全保障工程常用技术措施适用性一览表

主要措施			成本	效益	效益/成本	施工复杂程度	养护成本	是否适合农村公路大规模应用	需要解决的问题
1	警告类措施	简易型标志	低	高	高	低	低	是	
2		建议速度标志	低	高	高	低	低	是	
3		速度限制路面标记	低	高	高	低	低	是	
4		警告类路面标记	低	高	高	低	低	是	
5		振动带	高	高	中	高	无	否	研发替代方法
6	诱导类措施	护栏加贴反光带	低	高	高	低	低	是	
7	预防类措施	安全边	低	高	高	低	低	是	在公路建设期设置
8		平整降缓边坡	低	高	高	低	低	是	
9		照明	中	高	高	中	中	是	
10		错车区	中	高	高	低	低	是	
11	控速类措施	龙齿状路面标记	低	高	高	低	低	是	
12		锯齿状路面标记	低	高	高	低	低	是	
13		V形路面标记	低	高	高	低	低	是	
14		窄化车道	低	高	高	低	低	是	
15		喷涂路肩	高	高	中	低	中	否	适用于风景秀丽的乡镇中心区街道
16	防护类措施	混凝土护栏附着废旧轮胎	低	高	高	低	低	是	应适当改进
17		桶装集料护栏	低	高	高	低	低	是	
18		花盆式防撞墩	低	高	高	中	低	是	
19		栽石护栏	低	高	高	低	低	是	
20		土挡墙或碎石挡墙	低	高	高	低	无	是	

第五章　新型低成本公路安全保障技术

在现有干线公路安全保障工程技术措施适用性研究和现有农村公路安全保障工程技术措施研究的基础上，开展农村公路安全保障工程技术措施研究。一方面现有干线公路和现有农村公路部分安保工程技术措施需要进行一定的修订才能用于农村公路安保工程，需要进一步的针对性研究才能确定如何修订；另一方面现有农村公路安保工程技术措施中有些安保处置思想可以借鉴，但是现有的处置措施并不一定是最好的，不一定是最适合农村公路的具体情况，需要在吸收现有处置措施有益经验的基础上，进行再创新；另外，仍需要研究开发新的农村公路安保工程措施。本部分就是针对农村公路的现状和安全保障工程的需求，开展低成本农村公路安全保障技术措施的研究和开发，主要包括路面标记类、视线诱导类、警告类、路侧防护类、其他类低成本农村公路安全保障技术措施。

第一节　路面标记类

考虑到大部分农村公路交通量较少，可以将前方道路的各种信息施划于路面上形成路面标记。这种措施主要适用于山区公路上坡和平坡方向。

路面标记具有以下优点：(1)能够表达各类信息，起到交通标志的作用；(2)可节省交通标志所需要的立柱及版面，彻底解决标志丢失问题；(3)建设成本较低；(4)养护费用低，5～6 年内无须维护；(5)因为设置于上坡或平坡方向，且位于驾驶员视线正前方，标记采用热熔反光标线涂料现场施划，不论是白天还是夜间，视认和识别效果都极好。

为了保障驾驶员对路面标记的识别效果，路标标记一般仅适合施划于上坡或平坡方向，下坡方向识别效果将会受到一定程度影响，下坡方向仍建议设立标志。同时，路面标记不太适合于交通量较大的公路上。

一、图形化路面标记

图形化路面标记就是将本应设立的标志图案信息或其他图案信息施划于路面上。如将限速标志、鸣喇叭标志和向左急弯标志施划于路面上成为路面标记，如图 5-1～图 5-3 所示。路标标记宽度一般为 1.5m，宽长比一般为 1∶2.6 左右。

二、文字性路面标记

文字性路面标记是将本应设立的标志信息转化为文字，或将道路前方状况信息或其他文字性信息施划于路面上成为路面标记。文字性路面标记更便于未受正规交通安全培训的农村公路使用者理解并遵守。

图 5-1　限速 40 路面标记

图 5-2　鸣喇叭(图形)路面标记

1. 提示性路面标记

提示性路面标记是将前方道路情况以路面文字标记形式施划于路面上,便于农村公路使用者及时了解前方道路危险信息,并采取相应行动以确保安全。如将鸣喇叭标志转化为文字施划于路面上,在路面上施划"坡陡弯急"文字性标记,如图 5-4、图 5-5 所示。

2. 建议性路面标记

经验和研究表明,道路使用者主要根据道路行驶环境来选择车辆运行速度,而不是依据道路的限速。因此,除给定路段限速之外,仍有必要在特殊路段向驾驶员推荐安全的行驶速度。建议性路面标记就是向道路使用者推荐一个安全的车辆行驶速度。一般设置在进入弯道之前或进入路侧险要路段之前,应与弯路或路侧险要警告标志或路面标记配合使用,如图 5-6 所示。建议速度值应根据农村公路现场道路环境情况具体确定,应小于或等于道路设计速度。

图 5-3　向左急弯路面标记

图 5-4　"鸣喇叭"(文字)路面标记

图 5-5　坡陡弯急路面标记

图 5-6　建议性路面标记

三、教育性(宣传性)路面标记

教育性(宣传性)路面标记是将教育性(宣传性)文字施划于村口等村民出入必经的村内道路路面上,起交通安全宣传作用,使村民在进出村和日常生活中就能了解交通安全知识,提高交通安全意识。如在村口路面上施划“坐农用车危险”路面标记,如图 5-7 所示。优点是投资少,见效快,效果好。由于此类路面标记仅设置在村内道路上,供沿线群众识别,而不是供车辆驾驶员使用,因此路面标记尺寸不必过大,满足村民能够识别清楚即可。

图 5-7　坐农用车危险路面宣传标记

第二节　视线诱导类

一、石材示警桩、示警墩

干线公路常用的示警桩、示警墩多为混凝土材料制成,外涂红白相间漆。施工较为复杂,成本也相对较高。农村公路沿线石材较丰富,取材方便,可将常用的混凝土示警桩和示警墩用石材代替。方法是选择相似规格大小的柱状或块状石材,外涂红白相间漆,埋置于路侧用作示警桩和示警墩,如图 5-8、图 5-9 所示。石材示警桩、示警墩的优点是就地取材,成本低,施工方便,且完全可以起到示警作用。

图 5-8　石材示警桩

图 5-9　石材示警墩

二、波浪形标线

在隧道进出口、急弯、连续弯路等安全隐患路段设置波浪形标线,提醒驾驶员注意前方路况变化。如车辆进入连续弯路路段时,应通过设置标志标线使驾驶员能够感受到道路线形的变化和走向，如图 5-10 所示。在连续弯路道路两侧沿道路线形设置注意前方路面状况标记，既可以使驾驶员感觉到弯路的变化和走向，又进一步压缩了车道，使驾驶员减速安全通过此路段。同时，还减少了一系列路侧线形诱导标的设置，降低了投资。

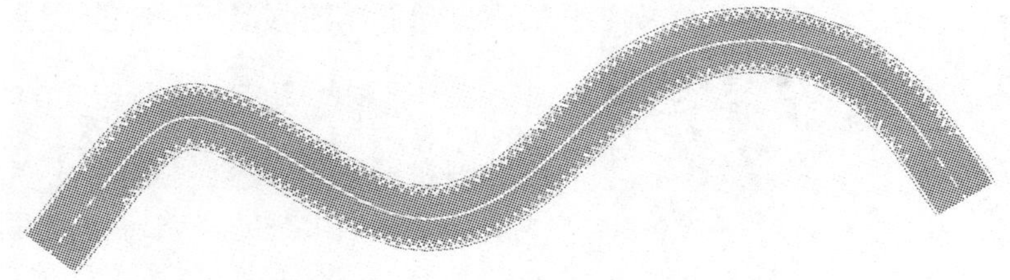

图 5-10　连续弯路波浪形标线

三、新型柱式轮廓标

柱式轮廓标是一种常用的道路安全设施，一般设置于道路两侧，依靠柱体上附着的逆反射材料来指示道路线形走向，起到诱导驾驶员正确操控行车方向的作用。特别是在山区公路弯道处作用更加突出，可以大大降低夜间交通事故的发生。

目前，柱式轮廓标一般采用合成树脂类材料制成，断面多为圆角的三角断面，两直角边斜向行车道。实际上，柱体斜边因背向行车道，无任何诱导警示作用，造成了很大浪费。因此，可将柱式轮廓标柱体的三角断面更改为圆角的 L 形断面，柱体上部有一定长度的黑色标记，黑色标记中间设有一定大小的逆反射材料，如图 5-11 所示。

由于采用圆角 L 形断面，减少了柱体材料需用量，切实降低了建造成本，且对柱式轮廓标本身视线诱导效果的发挥无丝毫影响，因此特别适合于农村公路的交通安全保障。

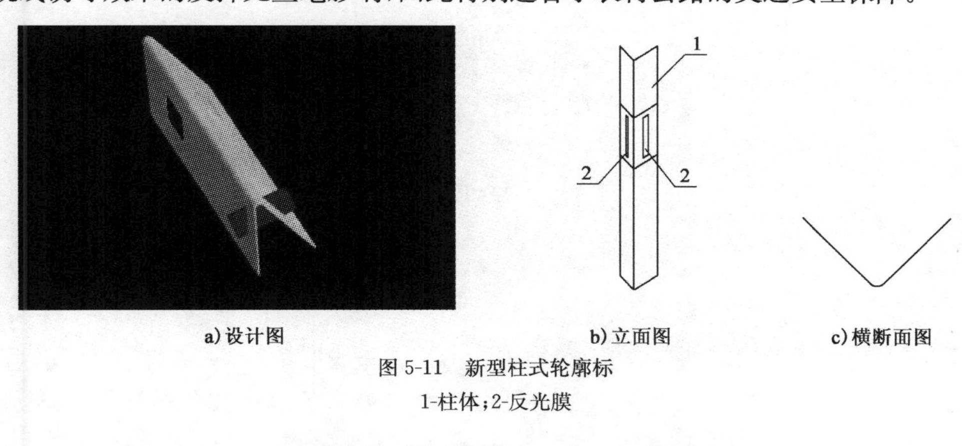

a）设计图　　b）立面图　　c）横断面图

图 5-11　新型柱式轮廓标

1-柱体；2-反光膜

第三节　警　告　类

一、弯路车道箭头

低等级农村公路宽度一般不超过 6m，车辆通过弯路时经常占据对向车道，如果同时对向车道有车辆通过，极易引发交通事故。弯路车道箭头标线就是在弯道曲线中点两侧沿弯道双向设置车道箭头标线，如图 5-12 所示。

图 5-12　弯路车道箭头标线

由于车道箭头沿弯路方向设置，驾驶员一方面可以沿着车道箭头指引的方向通过弯道，起引导作用，另一方面，对向车道箭头也提示驾驶员不要占据对向车道，起警示作用。

二、石材振动带

石材振动带一般在对向事故多发的弯路中心线或路侧事故多发路段路肩处设置。选取表面圆滑的小石块呈带状布设在路面上，石块露出路面约 0.5cm，当车辆轮胎越过振动带时，会产生振动并发出响声，提示驾驶员注意按车道行驶，如图 5-13 所示。石材振动带能够替代传统意义上的振动带，而且成本低廉，效果明显；基本不需要维护，寿命长。石材振动带一般设置于货车比例较高的农村公路上。

图 5-13　路中石材振动带

在设置石材振动带时，应特别注意石块露出路面的高度不应过高，否则石材振动带本身就会成为一个安全隐患，极易刺破车辆轮胎，引发交通安全事故。

第四节　路侧防护类

一、废旧轮胎护栏

目前，我国公路建设正向西部、向山区推进。山区公路线形条件差，路侧危险程度高，车辆一旦坠入路侧，往往是车毁人亡。在路侧险要路段设置护栏是预防坠车事故的最有效方法。现有公路路侧护栏大多采用钢铁和混凝土建造，属于半刚性和刚性护栏，缺点是一旦发生碰撞，造成车辆损失和人员伤亡的概率较高；缆索护栏也较为常用，属于柔性护栏，缺点是建造成本和维修成本高。为了降低车辆与混凝土护栏直接碰撞的危害性，也有技术人员将废旧轮胎依次固定于混凝土护栏上面向道路一侧。这种技术方案虽然可以一定程度上减少车辆与混凝土护栏直接碰撞的危害性，但由于轮胎固定于混凝土护栏上，变形量有限，不能完全发挥废旧轮胎的弹性特性，且由于废旧轮胎的导向性不好，因此没有获得大范围应用。

我国同美国、欧盟处于世界废旧轮胎产生量的前列。统计数据显示，2007 年我国报废的轮胎数量达 1.5 亿条，总质量达 310 万吨。废旧轮胎回收再利用一般包括废旧轮胎翻新、废旧轮胎再生橡胶等。虽然近年来我国废旧轮胎回收再利用率有大幅提升，但每年仍有大量废旧轮胎没有得到有效利用，形成了“黑色污染”。

可以利用废旧轮胎的弹性特征，建造一种道路路侧护栏。包括下列步骤：(1)选用规格相同的废旧轮胎，一面胎侧（称为后胎侧，背离道路一侧）冲钻四个对称螺栓孔，另一面胎侧（称为前胎侧，面向道路一侧）冲钻两个对称螺栓孔，见图 5-14a)；(2)将托架与立柱经螺栓相连接，并将预先冲钻成孔的两块钢板经螺栓与托架相连接组成上、下横梁，再将上述轮胎后胎侧依次用螺栓固定于上、下横梁上[图 5-14b)～图 5-14d)]；(3)将预先冲钻成孔的另一块钢板（称为前导向板）经螺栓与上述轮胎前胎侧内壁相连接构成前导向板，见图 5-14e)；(4)在轮胎前胎侧外壁或前导向板面向道路一侧粘贴反光材料。

废旧轮胎护栏与现有的波形梁钢板护栏、水泥混凝土护栏、缆索护栏相比，建造工期短、造价低、施工简单、维护容易；而且利用轮胎弹性的特点来建造道路路侧护栏，形成弹性防护，对碰撞起到缓冲作用，克服了将废旧轮胎依次固定于混凝土护栏上面向道路一侧废旧轮胎变形量较小的缺陷，真正起到路侧护栏的安全防护作用，将碰撞损失和伤亡概率降到最低；在废旧轮胎前胎侧内壁设置前导向板，有效改善了废旧轮胎导向性不好的缺陷；每个废旧轮胎单独设置前导向板，充分利用了单个轮胎的弹性特点，避免了前导向板连接多个轮胎影响轮胎弹性的缺陷；实施利用废旧轮胎建造道路路侧护栏的方法，能有效地治理“黑色污染”，是真正的废物回收再利用；在道路交通安全方面更有实际意义，既能对碰撞起到缓冲作用，又能有效地降低工程造价，还能降低施工过程对周围环境的破坏，特别适用于农村公路交通安全保障工程。

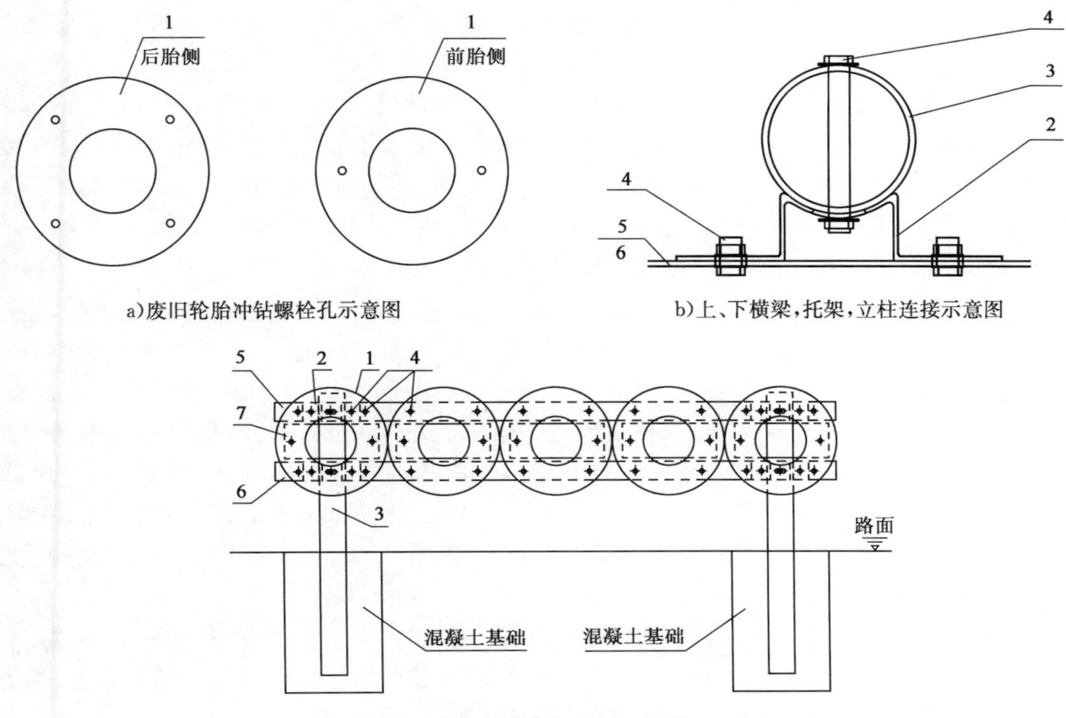

a)废旧轮胎冲钻螺栓孔示意图

b)上、下横梁，托架，立柱连接示意图

c)废旧轮胎路侧护栏正面图

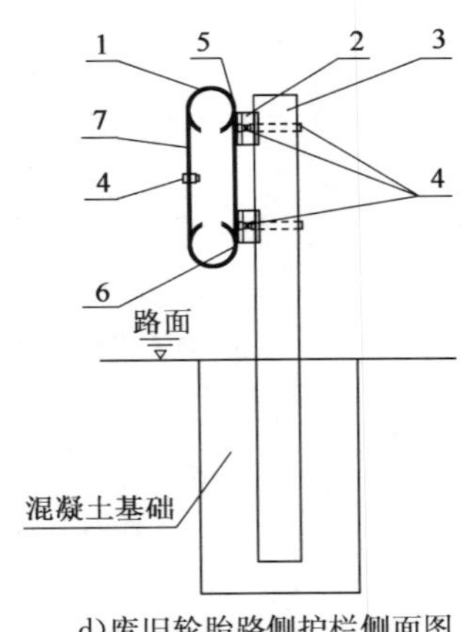

d)废旧轮胎路侧护栏侧面图

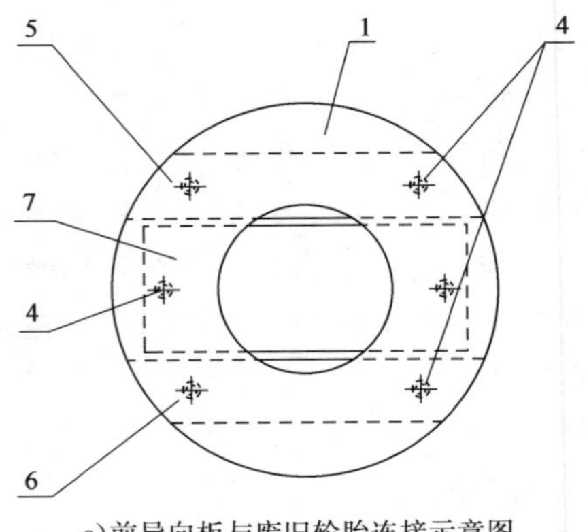

e)前导向板与废旧轮胎连接示意图

图 5-14　废旧轮胎护栏制作过程示意图

1-轮胎；2-托架；3-立柱；4-螺栓；5-上横梁；6-下横梁；7-前导向板

二、笼状护墙

对于山区农村公路，因技术等级低，路窄、坡陡、线形差、路侧险要路段比例大，需设置大量的路侧防护设施。而波形梁钢板护栏、缆索护栏和混凝土护栏大规模应用于农村公路是不现实的，必须研究开发适用于农村公路的低成本的路侧安全防护设施。由于波形梁钢板护栏和缆索护栏在车辆碰撞后急需维护，后期养护成本也高。相对于波形梁钢板护栏和缆索护栏，混凝土护栏的维护成本相对较少，但其施工也最为复杂。考虑到农村公路多为农民群众参与施工建设且农村公路的养护资金极不充裕，必须研究开发适用于农村公路的施工简便、后期维护少的路侧安全防护设施。

为充分利用山区农村公路丰富的石材资源，将各种水利工程常用的钢丝笼应用于农村公路防护上，研究开发了笼状护墙。包括下列步骤：预备一定数量特定规格的钢丝笼(由金属线材编织的角形网)网片(数量比例为 1∶1∶2∶2)，分别作为笼状护墙的底部、顶部、前后部、两侧部网片，侧部网片为梯形形状，如图 5-15a)所示；平整并夯实需设置防护设施的路侧土质；将底部、前部、后部和两侧钢丝笼网片按图 5-15b)的方式放置于路侧需要设置护栏处，保证底部钢丝笼网片水平、两侧钢丝笼网片竖直，各网片之间采用绑扎丝或者金属环扣进行绑扎，组成楔形形状的钢丝笼；钢丝笼内应装入块石或天然鹅卵石，填石时应逐块填筑，并注意大小石块按一定比例搭配，一般大小石块之比为 3∶1，大块石每块质量不大于 40kg，小块石不宜过碎，以不小于 2kg 为宜；填石要求密实，纵横缝错开，用木锤或木夯敲打捣固；填筑过的钢丝笼周边轮廓不得鼓肚凹腰，正负误差不宜大于 2cm；装石后将顶部钢丝笼网片和前部、后部、两侧部网片用绑扎丝或者金属环扣进行绑扎；以上述方法连续设置钢丝笼，相邻钢丝笼之间采用绑扎丝或者金属环扣进行绑扎，形成一整体组成笼状护墙，如图 5-14c)、图 5-14d)所示。连续设置的钢丝笼一般 5 个为一组，各组之间一般留有一定间隔以方便排水。

在路侧危险等级较高的路段可在钢丝笼里设置立柱，立柱埋于路侧地面，可进一步固定钢丝笼，提高笼状护墙等级，见图 5-16。由于多个钢丝笼通过互相连接已构成一整体，在一般路侧险要路段仅需通过笼状护墙的自重就可起到防护作用，见图 5-17。

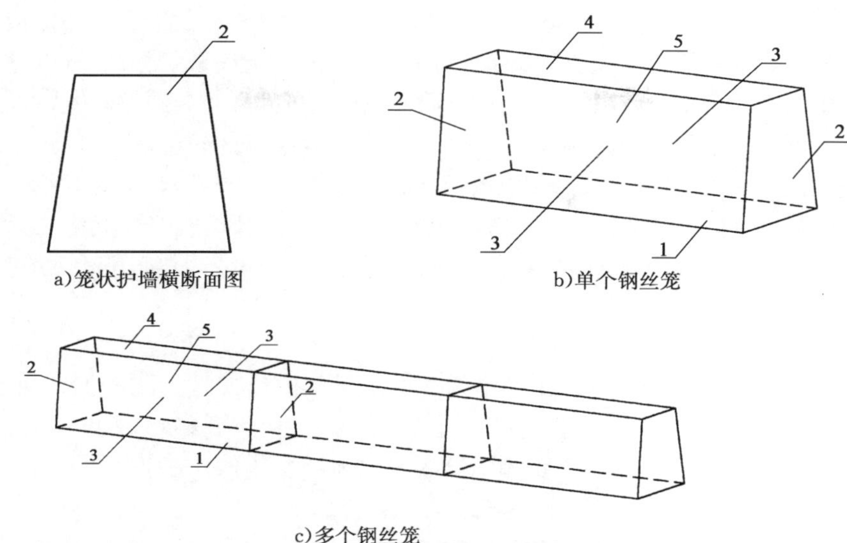

a)笼状护墙横断面图

b)单个钢丝笼

c)多个钢丝笼

d)建成的笼状护墙

图 5-15　路侧笼状护墙制作过程示意图

1-底部网片；2-侧部网片；3-前后部网片；4-顶部网片；5-钢丝笼

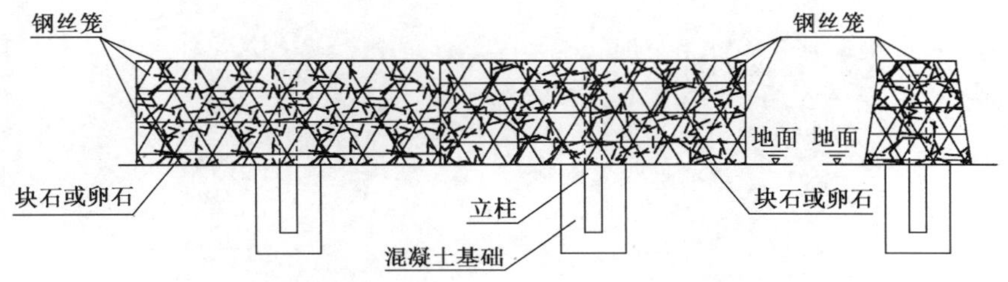

图 5-16　笼状护墙(有立柱)

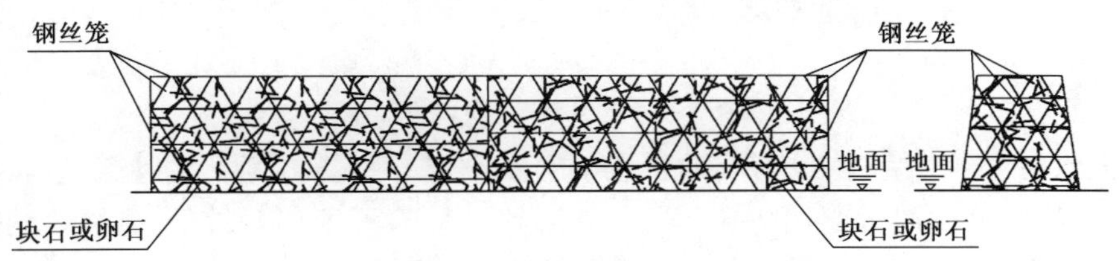

图 5-17　笼状护墙(无立柱)

笼状护墙填充的块石或鹅卵石可以就地取材，且由于多个钢丝笼互相连接已构成一整体，对于路侧危险等级较低的路段仅靠笼状护墙的自重就可以起到防护作用，可以进一步降低投资，适用于在山区农村公路上使用，对于路侧危险等级较高的路段可以在钢丝笼内设置立柱，立柱下部埋于地面混凝土基础中；充分利用了山区农村公路沿线丰富的石材资源；施工程序简单，不需购进大量的模板和机械设备，仅需小块场地备料和现场操作即可施工；基本免维护，笼状护墙对变形或弯曲具有良好的适应性，当受到撞击时，在钢丝笼内部形成一种交错拉紧和挤压状态，能适应外部变形不致断裂；寿命长，笼状护墙在正常使用条件下使用年限可达 10～20 年。

三、废旧汽油防撞桶

在山区农村公路上，经常存在路侧宽度不足且路肩有较大间距的粗树木（树干直径超过 10cm，间距超过 4.5m）或路肩有较小间距的细树木（树木直径小于 10cm，间距不超过 4.5m）的路侧险要路段。这些路段因路侧不具备设置连续性路侧防护设施的条件，在实际工程中一般不设置路侧防护设施，埋下了一定的安全隐患。

利用废旧汽油桶建造的一种路侧防护设施——废旧汽油防撞桶，可以间断设置于路侧宽度不足且路肩有树木的路侧险要路段，如图 5-18 所示，从而解决这些路段的路侧防护问题。

废旧汽油防撞桶实施步骤如下：选择一定规格的废旧汽油桶若干，去除桶底和桶盖，废旧汽油桶变为中空桶；平整并夯实需设置防护设施的路侧土质，在合适位置按一定间距连续设置立柱并保证立柱竖直；将废旧汽油桶底部埋入地面，上部露出地面一定高度，保证废旧汽油桶竖直，立柱竖直立于废旧汽油桶中央；将集料或土质放入废旧汽油桶，夯实废旧汽油桶外侧周围土质，即完成废旧汽油防撞桶设置。废旧汽油防撞桶里可以栽植小型观赏植物；废旧汽油防撞桶外侧喷涂反光漆，并粘贴反光膜，起诱导作用。

图 5-18　废旧汽油防撞桶

利用废旧汽油桶制作路侧防护设施，可用于间断设置于路侧宽度不足且路肩有树木的路侧险要路段，解决这些路段的路侧防护问题。如果路侧危险程度相对较低，立柱也可不设置，仅靠桶内集料或泥土的自重也可起到防护作用。

四、干砌护墙

在上坡方向路侧险要路段，因车辆爬坡，速度较低，发生路侧事故的概率较下坡方向路侧险要路段小，一般不需要设置防护等级较高的护栏。为了降低投资，利用山区农村公路沿线丰富的石材资源，可沿上坡方向路侧险要路段设置干砌护墙，即将路侧山体按一定比例(大小石块之比为3∶1)搭配的块石沿道路线形按一定规格堆砌起来，如图5-19所示。另外，干砌护墙也可以设置在其他路侧危险等级较低的路段，但堆砌高度应相应调整。

虽然干砌护墙本身不具备较高的防撞等级，但因干砌护墙设置在路侧危险等级较低的路段，因此可以满足安全需求。此外干砌护墙可以对行车安全起诱导作用，能够增强道路使用者的行车安全性。干砌护墙的优点主要有：成本低，所需石材就地取材，施工程序简单；维护简单，撞击后按原有尺寸重新堆砌即可；与周围环境协调，将散落在路侧的块石按一定规格堆砌起来，增强了农村公路路面环境的整洁性，还可以将草种和土壤撒入干砌护墙，几年后干砌护墙将隐没在草丛中，完全融入周围环境中；另外干砌护墙还可以防止路基水土流失。

图5-19　路侧干砌护墙

第五节　宁静交通控速类

一、八字形减速标线

八字形减速标线与锯齿状路面标记相类似，为沿车道方向纵向排列的条状白色标记，白色标记与行车方向成一锐角(锯齿状路面标记与行车方向成直角)。沿行车方向排列的条状白色标记之间的距离逐渐减小(图5-20)。车辆经过时，驾驶员将感觉车道宽度急剧变窄、车辆正在加速，从而使驾驶员采取措施降低车速。

八字形减速标线主要设置在急弯、交叉口之前的直线段上。

a)白天

b)黑夜

图5-20　八字形减速标线

二、交叉路口降速措施

1. 硬渠化

农村公路与干线公路相交，保障农村公路上车辆以较低速度汇入干线公路是保障干线公路交通顺畅、安全的重要条件。在一些农村公路与干线公路相交的大型路口，由于道路宽阔，车辆汇入干线公路时运行速度高，极易发生安全事故。以往仅依靠路面标线渠化效果较差。对于这类路口，可考虑将路口硬渠化(图 5-21)，迫使农村公路车辆在进入路口前必须减速才能通过路口进入干线公路。干线公路车辆也能从容地驶入农村公路。

图 5-21　大型路口硬渠化

2. 缩窄车道

对于乡镇镇区道路，一般等级较高，道路宽度较宽，车辆极易到达较高的行驶速度。在进入交叉口前的路段上可采用缩窄车道的办法(图 5-22)，迫使车辆降低速度，以达到安全行驶的目的。

图 5-22　缩窄车道

3. 抬高路口

为了降低车辆通过乡镇镇区内交叉口的速度，可以将交叉路口整体抬高(图 5-23)，迫使车辆必须减速通过交叉路口。

三、人行横道控速措施

1. 抬高人行横道

为了保障乡镇镇区内行人过街安全，可以将人行横道进行抬高(图 5-24)，促使车辆减速行驶，且驾驶员更容易发现人行横道和行人。

2. 带安全岛人行横道

为了保障乡镇镇区内行人过街安全，可以在道路中央设置行人过街安全岛，如图 5-25 所示。安全岛的设置，使得行车道被压缩，有效宽度减小，迫使车辆减速慢行，进一步保障行人安全。

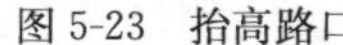

图 5-23　抬高路口

图 5-24　抬高人行横道

四、乡镇镇区单位出入口控速措施

乡镇镇区主干道两侧多为政府单位，分散着多个单位出入口。应采取措施降低这些出口车辆的运行速度，保障这些车辆不会干扰乡镇镇区主干道交通正常运行和单位出口人行步道上行人的安全。

1. 出口整体补油垫高

出口整体补油垫高(图 5-26)就是将单位出口整体补油加高，使车辆在驶出时需行驶上一坡度，进而使车辆速度下降。出口整体补油垫高一般适用于出口为平坡或下坡的出口或支路口。

图 5-25　带安全岛人行横道

图 5-26　整体补油垫高

2. 小块补油

小块补油只将出口部分道路补油，按一般车辆左右两侧轮距的大小确定两块补油处的间隔尺寸。小块补油又分为人行横道内侧补油和人行横道外侧补油(图 5-27)。车辆只有以慢速才可以较为精确地沿着两补油处之间的间隔处通行，否则其中必有一侧轮胎要碾过高出路面的补油块，会引起车辆颠簸，也会使驾驶员采取减速措施降低车速。

由于人行横道内侧补油更有利于人行道行人的安全，因此，建议使用人行横道内侧补油方式。

a)人行横道内侧补油

b)人行横道外侧补油

图 5-27　小块补油

小块补油措施适用于出口内和路外高程相差不大时，或采用整体补油垫高方式会引起排水问题时。

3. 设置路拱

除补油措施外，还可以在单位出入口设置各种形式的路拱(图 5-28)，迫使车辆驶出时降低车速。

图 5-28　路拱

第六节　其　他　类

一、新材料的应用

现有公路标志板及立柱多使用铝合金和钢材料制作，由于价格昂贵，农村公路安全保障工程不可能大规模地使用。在农村公路安全保障工程实施过程中，可以使用废旧线路板回收材料再循环后的树脂玻璃纤维制作标志版面，并用玻璃钢材料制作标志立柱(图 5-29)。

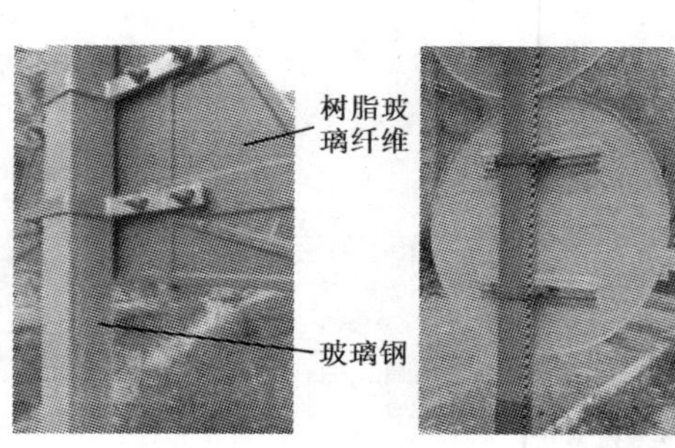

图 5-29　新型材料标志板和立柱

采用了从废弃线路板中回收的非金属材料来制造部分交通标志底板，这既是对交通安全设施新材料、新技术的一种创新应用和示范，也体现了资源节约、变废为宝的思想，适合于在农村公路安保工程实施过程中大规模使用。其突出的优势在于：

(1)机械性能优异。线路板非金属材料应用在水泥基和树脂基复合材料中，其产品的抗弯强度等机械性能与传统填充材料相比具有明显优势，特别是抗弯强度提高了 30%以上。

(2)将该技术应用到交通安全设施等附加值较高的产品中，为线路板非金属材料的再利用提供了一个宽广的应用空间，为实现线路板非金属材料大规模无害化的再利用提供了新的途径，实现了废弃线路板 100%的再利用。

(3)有利于在公路及其相关设施的建设过程中，推广新技术、新工艺和新材料，其吸引人之处主要有：①强度好；②不含金属部件，具有防盗功能；③变废为宝，降低成本等。

这种材料除了用作交通标志底板，还可将其应用到多种交通安全设施中，如百米桩、里程碑、轮廓标、道口桩、示警柱等，具有广阔的应用前景。

二、漫水桥示警桩处置

农村公路上有许多漫水桥，桥梁两侧原有示警桩，但大部分都已破损，已无法起到示警作用，且多为钢筋混凝土结构，拆除较为困难。在安保工程实施过程中，我们保留原有示警桩，并外套废弃的波形梁护栏圆形立柱，然后将混凝土灌入圆形立柱内，立柱外靠近行车道一侧粘贴反光膜，成为简易桥梁示警桩，如图 5-30 所示。简易桥梁示警桩不仅利用了原有示警桩，而且充分利用了废弃资源，没有增加成本，且便于施工。

图 5-30　简易桥梁示警桩

三、支撑方式革新

充分利用路侧资源，革新安全设施支撑结构和方式，节省投资。

1. 附着路侧杆柱

在标志板材料采用新型材料降低成本的基础上，充分利用农村公路路侧原有的杆柱，将标志附着于上(图 5-31)，这样可以节省标志立柱和基础的投资成本。

图 5-31　标志附着路侧杆柱

2. 利用山体

在路侧宽度无法设置标志时，将标志立柱与山体相连接(图 5-32)，这样可以节省标志基础的投资成本。

图 5-32　利用山体支撑标志

根据对研发的农村公路安全保障技术措施的分析，从成本、效益、效益/成本、施工复杂程度、后期养护成本等角度总结了 6 大类、26 种具体技术措施对于农村公路安全保障工程的适用性分析，见表 5-1。

其中：除废旧轮胎护栏、交叉路口控速 5 种措施和出口整体补油抬高成本相对较高以外，其他 19 种技术措施成本均较低廉，且其效益均较高，比较适合于农村公路安全保障工程。

交叉路口控速 5 种措施和出口整体补油抬高成本比较适用于乡镇镇区道路。

新型低成本技术措施适用性分析一览表　　表 5-1

主要措施				成本	效益	效益/成本	施工复杂程度	养护成本	是否适合农村公路大规模应用	需要解决的问题
1	路面标记类	图形化路面标记		低	高	高	低	低	是	
2		文字性路面标记	提示性路面标记	低	高	高	低	低	是	
3			建议性路面标记	低	高	高	低	低	是	
4			教育性(宣传性)路面标记	低	高	高	低	低	是	
5	视线诱导类	石材示警桩、示警墩		低	高	高	低	低	是	
6		波浪形标线		低	高	高	低	低	是	
7		新型柱式轮廓标		低	高	高	低	低	是	
8	警告类	弯路车道箭头		低	高	高	低	低	是	
9		石材振动带		低	高	高	低	低	是	石材与路面高度需严格控制
10	路侧防护类	废旧轮胎护栏		中	高	高	中	中	是	
11		笼状护墙		低	高	高	低	低	是	
12		废旧汽油防撞桶		低	高	高	低	低	是	
13		干砌护墙		低	高	高	低	低	是	

续上表

主要措施				成本	效益	效益/成本	施工复杂程度	养护成本	是否适合农村公路大规模应用	需要解决的问题
14	控速类	八字形减速标线		低	高	高	低	低	是	
15		交叉路口	硬渠化	高	高	中	高	中	否	仅适合于乡镇镇区道路
16			缩窄车道	高	高	中	高	低	否	
17			抬高路口	高	高	中	高	低	否	
18		人行横道	抬高人行横道	高	高	中	高	低	否	
19			带安全岛人行横道	高	高	中	高	低	否	
20		乡镇镇区单位出入口	出口整体补油抬高	中	高	中	高	低	否	
21			小块补油	低	高	高	低	低	是	
22			设置路拱	低	高	高	低	低	是	
23	其他类	新材料使用		低	高	高	低	低	是	
24		漫水桥示警桩处置		低	高	高	低	低	是	
25		支撑方式革新	附着路侧杆柱	低	高	高	低	低	是	
26			利用山体	低	高	高	低	低	是	

结合第三、四、五章的研究和分析，可以将适用于农村公路安全保障的技术措施总结列于表5-2中。

适用于乡村公路安全保障的技术措施 表5-2

序号	主要技术措施			备注
1	标志			
2	标线	路面标线		
3		突起路标		
4	路面标记类	图形化路面标记		
5		文字性路面标记	提示性路面标记	
6			建议性路面标记	
7			教育性(宣传性)路面标记	
8	警告类措施	简易型标志		
9		建议速度标志		
10		速度限制路面标记		
11		警告类路面标记		
12		弯路车道箭头		
13		石材振动带		石材与路面高度需严格控制
14	视线诱导措施	线性诱导标		
15		示警桩、示警墩		
16		护栏加贴反光带		

续上表

<table>
<tr><th>序　号</th><th colspan="3">主要技术措施</th><th>备　　注</th></tr>
<tr><td>17</td><td rowspan="3">视线诱导措施</td><td colspan="2">石材示警桩、示警墩</td><td></td></tr>
<tr><td>18</td><td colspan="2">波浪形标线</td><td></td></tr>
<tr><td>19</td><td colspan="2">(新型)柱式轮廓标</td><td></td></tr>
<tr><td>20</td><td rowspan="4">预防类措施</td><td colspan="2">安全边</td><td>在公路建设期设置</td></tr>
<tr><td>21</td><td colspan="2">平整降缓边坡</td><td></td></tr>
<tr><td>22</td><td colspan="2">照明</td><td></td></tr>
<tr><td>23</td><td colspan="2">设置错车区</td><td></td></tr>
<tr><td>24</td><td rowspan="6">控速类措施</td><td colspan="2">减速标线</td><td></td></tr>
<tr><td>25</td><td colspan="2">比利时路面</td><td>建设期提前设置</td></tr>
<tr><td>26</td><td colspan="2">龙齿状路面标记</td><td></td></tr>
<tr><td>27</td><td colspan="2">锯齿状路面标记</td><td></td></tr>
<tr><td>28</td><td colspan="2">V 形路面标记</td><td></td></tr>
<tr><td>29</td><td colspan="2">窄化车道</td><td></td></tr>
<tr><td>30</td><td rowspan="9">防护类措施</td><td colspan="2">混凝土护栏附着废旧轮胎</td><td></td></tr>
<tr><td>31</td><td colspan="2">桶装集料护栏</td><td></td></tr>
<tr><td>32</td><td colspan="2">花盆式防撞墩</td><td></td></tr>
<tr><td>33</td><td colspan="2">栽石护栏</td><td></td></tr>
<tr><td>34</td><td colspan="2">土挡墙或碎石挡墙</td><td></td></tr>
<tr><td>35</td><td colspan="2">废旧轮胎护栏</td><td></td></tr>
<tr><td>36</td><td colspan="2">笼状护墙</td><td></td></tr>
<tr><td>37</td><td colspan="2">废旧汽油防撞桶</td><td></td></tr>
<tr><td>38</td><td colspan="2">干砌护墙</td><td></td></tr>
<tr><td>39</td><td rowspan="3">宁静交通
控速类</td><td colspan="2">八字形减速标线</td><td></td></tr>
<tr><td>40</td><td colspan="2">小块补油</td><td></td></tr>
<tr><td>41</td><td colspan="2">设置路拱</td><td></td></tr>
<tr><td>42</td><td rowspan="9">其他措施</td><td colspan="2">废旧材料使用</td><td></td></tr>
<tr><td>43</td><td colspan="2">漫水桥示警桩处置</td><td></td></tr>
<tr><td>44</td><td rowspan="2">支撑方
式革新</td><td>附着路侧杆柱</td><td></td></tr>
<tr><td>45</td><td>利用山体</td><td></td></tr>
<tr><td>46</td><td rowspan="2">移除障碍物</td><td>移除巨石</td><td></td></tr>
<tr><td>47</td><td>移除线杆、树木</td><td></td></tr>
<tr><td>48</td><td rowspan="2">改善视距</td><td>修剪弯道内侧树木</td><td></td></tr>
<tr><td>49</td><td>设置反光镜</td><td></td></tr>
<tr><td>50</td><td colspan="2">沙堆型避险车道</td><td></td></tr>
</table>

第六章　农村公路安保工程技术方案

虽然低成本、易接受、便施工、少维护、高效益的处置措施是农村公路安保工程所必需的，本书第五章中也列举了多种低成本的农村公路安保工程技术措施，但绝不意味着农村公路安保工程仅限于使用这些处置措施，更不意味着排斥干线公路常用的一些处置措施。农村公路安保工程技术方案的选择应根据实际情况，参照相关的标准规范，因地制宜地选择和确定。本章从标志、标线、路面标记、视线诱导设施、控速设施及其他技术措施等角度对农村公路安保工程常用的工程技术方案加以论述。

第一节　标 志 设 置

一、一般原则

应根据农村公路、交通和环境等条件选用适当的交通标志，交通标志的颜色、尺寸及设置方法应与《道路交通标志和标线》(GB 5768)的要求保持一致，做到标准规范、经济美观。避免因警告、禁令和相关提示性标志的频繁使用，使驾驶员产生麻痹心理。

(1)同一条公路标志设计的标准、设置原则、风格应保持一致。标志设置位置可不受路线前进方向右侧的限制。

(2)应重视事故多发路段告示牌的设置工作，结合相关警告和禁令标志等，提醒驾驶员谨慎驾驶。

(3)交通标志应与交通标线配合使用，协调一致。两块以上标志牌设置在一根立柱上时，应按警告、禁令、指示的顺序，先上后下、先左后右排列。尽可能避免设置大型标志。

(4)应根据农村公路各路段的运行车速来确定版面尺寸和文字大小；标志的造型、结构应尽量保持一致，以使驾驶员以正常速度行驶时能及时认出并看清。

(5)标志设置应从农村公路使用者角度出发，少设或不设为农村公路养护、管理等服务的标志。除重要涉外旅游区附近的农村公路宜增设外文信息外，交通标志一般不设置外文信息。

(6)标志应不受树木及树枝等障碍物遮挡；设置在休息区或观景台等位置的标志不应影响车辆进出。

(7)在低交通量的农村公路上，当需要在车辆行进方向为上坡方向右侧设置标志时，可将需要设置的标志信息以图形或文字形式施划于路面上形成路面标记代替路侧标志，或与路侧标志配合使用，但路面标记不应设置过多。

二、设置方案

可将农村公路分为旅游公路和公交线路、类城镇路、通村公路、类街坊路四种类型，进行针对性设置。

旅游公路的特点是外地自驾车多，这些道路使用者不熟悉路况。公交线路的特点是一旦发生交通事故，易造成群死群伤等恶性事故，社会影响大。针对旅游公路和公交线路的特点，应把道路情况及时告知道路使用者。因此，这类农村公路上交通标志应按照“应设尽设”的原则进行设置。

类城镇路的特点是道路平直，路面相对较宽，但混合交通比较严重。这类农村公路上交通标志应按照“提高标准”（参照城镇交通标志设置标准）的原则进行设置。

通村公路的主要服务对象为当地村民，这些道路使用者特别熟悉路况。这类农村公路交通标志应按照“简化设置”的原则进行设置。

类街坊路是位于村落内的公路，为当地村民服务，是村民日常活动的主要通道。这类农村公路一般情况下没有交通标志的设置需求，因此应按照“尽量不设”的原则进行设置。

三、标志选用

农村公路交通标志的选用应以警告标志为主，辅以少量指示、指路和禁令标志为补充。

标志尺寸大小应以《交通标志和标线》(GB 5768)相关规定进行确定，或按照以下标准进行选用，其他类型标志大小尺寸参照警告标志大小进行选用。

(1)对于类城镇路：警告标志边长大小为1 100mm。

(2)对于旅游公路、公交线路以及路面宽度大于5m的通村路：警告标志边长大小为900mm。

(3)对于路面宽度小于4m的通村路和类街坊路：警告标志边长大小为700mm。

四、标志设置

1. 警告标志

在进入急弯、陡坡、连续弯路、交叉路口、村庄等路段前需设置相应的警告标志，如图6-1～图6-4所示。

图6-1 弯道前设置急弯警告标志

图6-2 陡坡前设置陡坡警告标志

图 6-3　交叉口前设置警告标志
村庄前设置警告标志

图 6-4　连续弯路前警告标志
交叉口前设置警告标志

针对农村公路经常出现的农用运输车违法载客、车辆超载、超速等交通违法行为，应设置使用一些图文并茂、易于理解的警示标志，如图 6-5 所示。

图 6-5　图文并茂的警告标志

对于线路较短且交通量较少的山区农村公路，因弯多路险，在线路起终点适当位置处设置“弯多路险、减速慢行”警告标志(图 6-6)，可减少线路中相关警告标志的设置数量。

图 6-6　交通量较少的一般山路：线路首尾设置警告标志

2. 指路标志

指路标志标识道路信息的指引，为驾驶者提供去往目的地所经过的道路、沿途相关城镇、重要公共设施、服务设施、地点、距离和行车方向等信息。一般道路指路标志按功能分为路径指引标志、地点指引标志、道路沿线设施指引标志和其他道路信息指引标志。农村公路上如需要设置指路标志，应以路径指引和地点指引标志为主。

根据《道路交通标志和标线 第 2 部分：道路交通标志》(GB 5768.2—2009)的规定，农村公路路径指引标志使用方法如表 6-1：

农村公路路径指引标志使用方法❶ 表 6-1

主线公路	被交公路				
	国道	省道	县道	乡道	村道
国道			预、告、确	(告)	(告)
省道			(预)、告、确	(告)	(告)
县道	(预)、告、确	(预)、告、(确)	(预)、告、(确)	(告)	(告)
乡道	(预)、(告)、(确)	(预)、(告)、(确)	(告)	(告)	(告)
村道	(预)、(告)、(确)	(预)、(告)、(确)	(告)	(告)	(告)

预告标志用于预告前方交叉路口形式、交叉路口编号或交叉道路名称、通往方向信息、地理方向信息以及距离前方交叉路口的距离。设置在农村公路上的用于预告与其交叉的干线公路时，预告标志应按照《道路交通标志和标线 第 2 部分：道路交通标志》(GB 5768.2—2009)有关规定设置。设置在干线公路上的用于预告与其交叉的农村公路时，一般采用单柱标志预告前方交叉公路编号信息，如图 6-7 所示。县道、乡道、村道编号标志颜色均为白底、黑字、黑边框、白色衬边。如果需要同时说明公路名称的，以辅助标志表示。

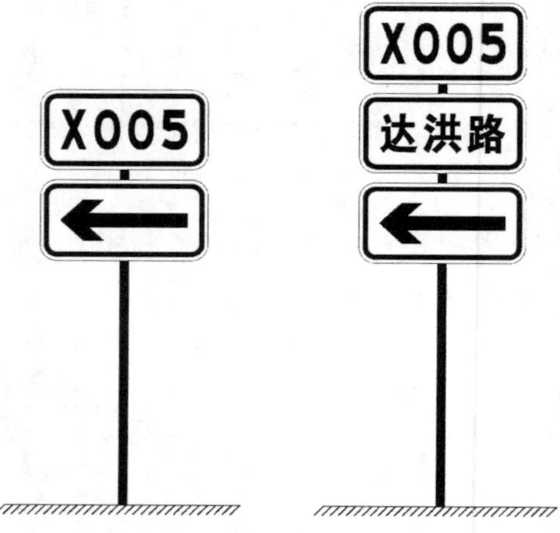

图 6-7 设置于干线公路上的预告前方交叉路口农村公路编号的预告标志示例

告知标志用以告知前方交叉路口形式、交叉路口编号或交叉道路的名称、通往方向信息、地理方向信息。告知标志一般不标示距离，农村公路上的交叉路口后未设置地点距离标志时，交叉路口告知标志可指示目的地信息的距离。设置在农村公路上的用于告知与其交叉的干线公路时，告知标志应按照《道路交通标志和标线 第 2 部分：道路交通标志》(GB 5768.2—2009)有关规定设置。设置在干线公路上的用于告知与其交叉的农村公路时，一般采用单柱标志，可采用三种版面形式，如图 6-8 所示。

❶注："预"表示交叉口预告标志；"告"表示交叉口告知标志；"确"确认标志，包括地点距离标志、公路编号标志、道路名称标志；"(　)"表示可根据需要设置的交通标志。

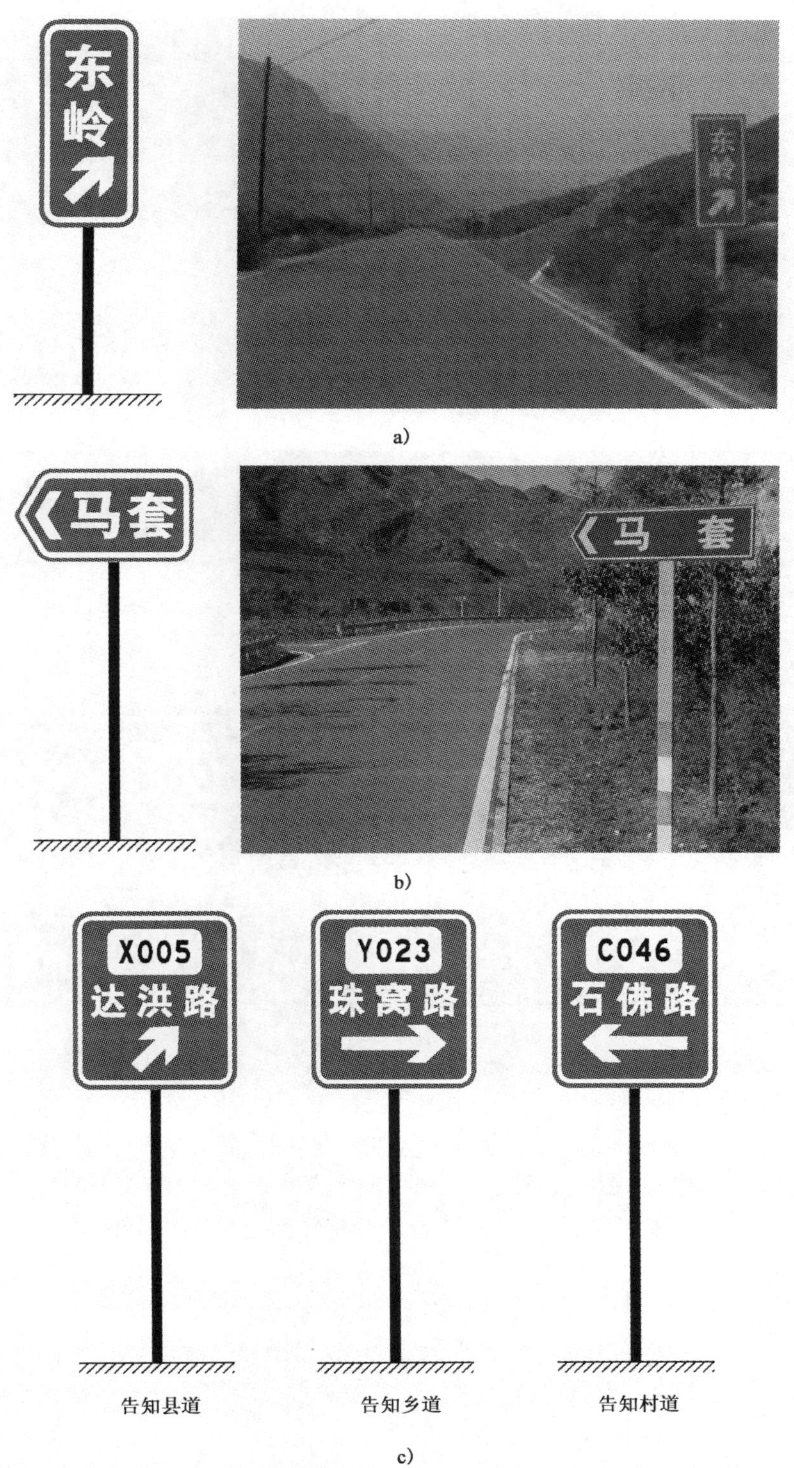

a)

b)

c)

图 6-8　设置于干线公路上的告知前方交叉路口农村公路编号的告知标志示例

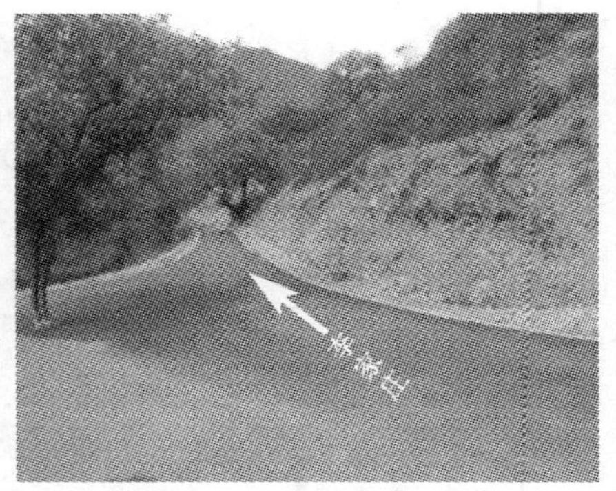

当道路条件不允许设置标志时，可以在路面上喷涂指路标志信息，告知道路使用者交叉道路信息，如图 6-9 所示。

图 6-9　路面上喷涂指路告知信息

确认标志用以确认当前行驶的道路信息及前方通往方向信息。农村公路上确认标志可将公路编号标志和地点距离标志合并设置，如图 6-10、图 6-11 所示。确认标志一般设置在县道、乡道和村道交叉路口后 30～50m 的位置，一般采用单柱支撑形式。农村公路编号标志，县道、乡道和村道颜色均为白底、黑字、黑边框、白色衬边。

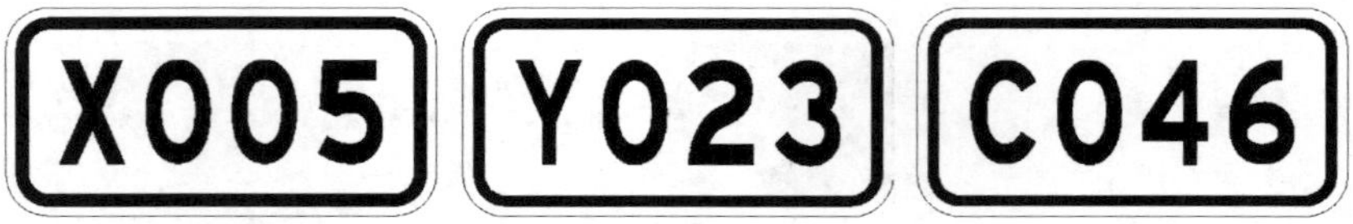
X005
Y023
C046

a) 县道编号　b) 乡道编号　c) 村道编号

图 6-10　农村公路编号

X005
达洪路
洪水峪 9km
X005
达洪路
达 摩 9km

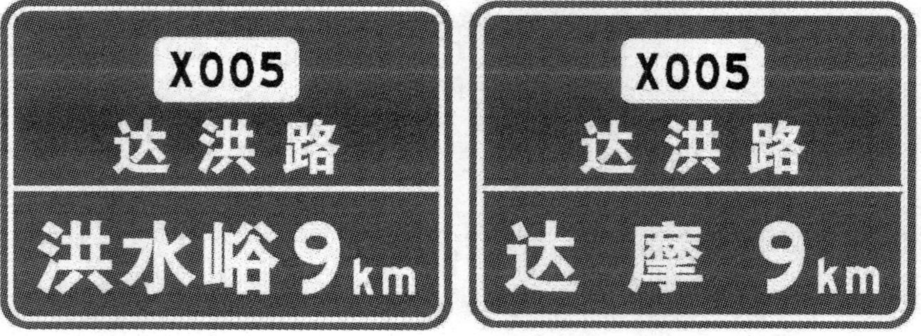

图 6-11　农村公路确认标志

3. 旅游区标志

旅游区标志是为吸引人们从其他道路上前往临近的旅游区，在通往旅游景点的路口设置的标志，使旅游者能方便地识别通往旅游区的方向和距离，了解旅游项目的类别。旅游区标志的颜色为棕底、白字(图形)、白边框、棕色衬边。旅游区标志分为指引标志和旅游符号标志两大类。

指引标志提供旅游区的名称、有代表性的图形及前往旅游区的方向和距离。对于农村公路，如属于旅游公路，可在其沿线设置旅游指引标志，如图 6-12 所示。为节省标志版面，农村公路旅游区指引标志不建议设置旅游区有代表性的图形。除重要涉外旅游区附近的农村公路宜增设外文信息外，一般不建议设置外文信息。

旅游符号标志应按照《道路交通标志和标线 第 2 部分：道路交通标志》(GB 5768.2—2009)有关规定选取和设置。

图 6-12　农村公路上旅游区指引标志

4. 禁令标志

农村公路与干线公路相交时，在相交处农村公路一侧设置让行标志，并施划路面标线（图 6-13）。停车让行和减速让行应根据《道路交通标志和标线 第 2 部分：道路交通标志》（GB 5768.2—2009）附录 E“停车让行标志和减速让行标志设置条件”选择和设置。

图 6-13　与干线公路相交处农村公路一侧设置停车让行或减速让行

五、支撑形式

应灵活采用支撑形式。以单柱支撑形式为主，必要时可采用双柱和单悬臂支撑形式。当受地形或经济条件制约时，可充分利用路侧杆柱、树木、山体等构造物支撑方式，但埋设、悬挂必须安全牢固，且净空应满足要求。

六、材料选择

鼓励采用新型材料制作标志底板和立柱。大型指路标志底板宜采用铝合金材料制作，立柱采用钢材制作；小型标志底板可采用废旧线路板回收材料再循环后的树脂玻璃纤维制作，立柱可采用玻璃钢制作；可用砖墙面或石头面设置村名标志。

村道外的农村公路上的警告、禁令类标志图案应采用三级反光膜或达到三级反光膜同等性能的反光材料。指路标志图案应采用四级反光膜或达到四级反光膜同等性能的反光材料。村道的指路标志可不要求反光性能。

第二节　标 线 设 置

一、一般原则

应根据路面宽度、交通量和视距等主要因素施划交通标线，交通标线应符合《道路交通标志和标线 第 3 部分：道路交通标线》(GB 5768.3—2009)的要求，并做到标准规范、线型流畅和合理衔接，充分发挥其引导交通流的功能。

标线线宽一般为 15cm，在交通量非常小的农村公路等特殊应用情况下，线宽可采用 10cm。

二、设置方案

(1)农村公路路面宽度大于等于 6m 时，一般应施划黄色道路中心线。当路面宽度不足 6m 时，在不满足会车视距的路段，如急弯、陡坡等视距不良路段，应施划中心实线，禁止车辆不安全超车行为，从而预防会车事故的发生。在易发生会车事故的路段，还可同步设置突起路标和中央隔离设施等。

(2)路面宽度小于等于 8m 时，平原区农村公路一般不施划道路边缘线；山区农村公路沥青路面如果道路边缘存在路缘石，一般不施划道路边缘线，如果道路边缘不存在路缘石时，应施划道路边缘线；混凝土路面一般不施划边缘线，路侧危险位置视路肩宽度选择设置轮廓标、橡胶分道柱或道钉。路面宽度大于 8m 时，应施划道路边缘线。

(3)在跨线桥、渡槽等的墩柱或侧墙端面上，隧道洞口，收费岛岛头或人行横道上的安全岛壁面上宜施划立面标记，提醒驾驶员注意在车行道或近旁有高出路面的障碍物，以防止发生碰撞。

(4)在穿越村镇且路侧较宽的路段，宜设置车行道边缘线。

(5)行人横过道路较为集中的路段应施划人行横道线；学校、幼儿园、医院、养老院门前的道路没有行人过街设施的，应施划人行横道线，并设置指示标志。如果减速丘与人行横道线联合设置时，应标示出减速丘的边缘。

(6)可以在急弯、连续弯路或其他安全隐患路段两侧沿道路线形设置注意前方路面状况标记(图 6-14)，使驾驶人充分感觉到弯路的变化和走向。

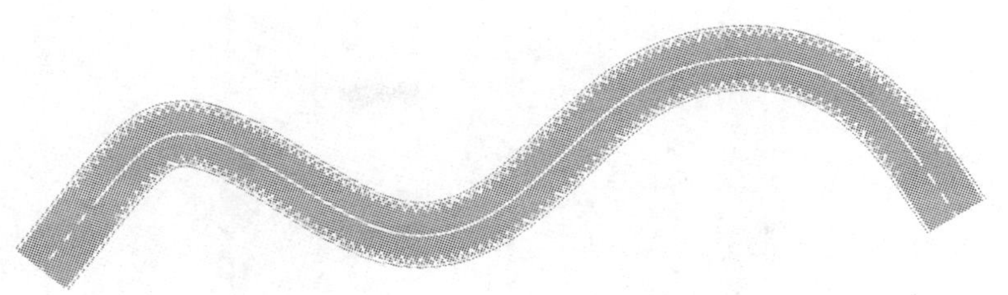

图 6-14　注意前方路面状况标记

（7）在道路条件发生变化，急弯、窄桥、隧道洞口等路段前，长下坡路段及其他需要减速的路段前或路段中可设置车行道减速标线。车行道减速标线分为横向减速标线和纵向减速标线两类，可用振动标线的形式。农村公路上一般宜设置车行道横向减速标线。

（8）在条件适当时，可以将路侧标志信息施划于路面上成为路面标记，配合路侧标志使用或减少路侧标志设置数量，起提示、警告或宣传等作用。

（9）错车道应设置相应的错车道标线。

三、标线设置

1. 道路中心线及边缘线

图 6-15～图 6-19 是按照上文设置方案进行道路中心线及边缘线设置的一些示例。

图 6-15　路面宽度小于 6m，在弯道中心施划黄色实线

图 6-16　路面宽度超过 8m，施划道路中心线和道路边缘线

图 6-17　路面宽度小于 8m，且存在路缘石，不施划道路边缘线

图 6-18　路面宽度小于 8m，且不存在路缘石，应施划道路边缘线

图 6-19　路面宽度小于 8m 的水泥混凝土，一般不施划道路边缘线

2. 车行道横向减速标线

横向减速标线为一组垂直于车道中心线的白色标线，线宽 45cm，线与线间距 45cm，如图 6-20 所示。车行道横向减速标线的设置间隔应使车辆通过各标线间隔的时间大致相等，以利于行驶速度逐步降低，减速度一般设计为 1.8m/s²，可按表 6-2 的规定设置。

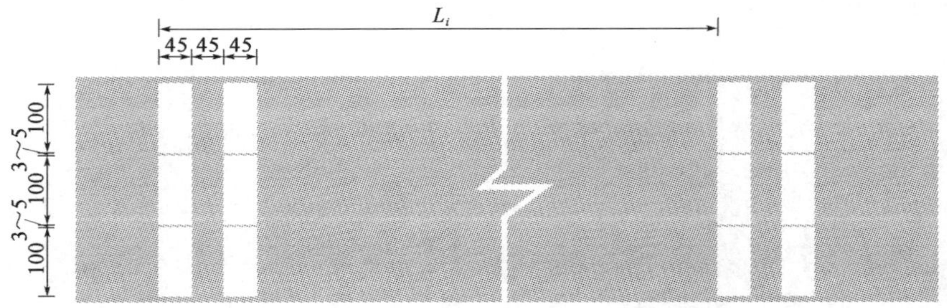

图 6-20　车行道横向减速标线(单位：cm)

横向减速标线的设置参数　　表 6-2

减速标线	第二道	第三道	第四道	第五道	第六道	第七道	第八道	第九道	第十道及以上
间隔(m)	$L_1=17$	$L_2=20$	$L_3=23$	$L_4=26$	$L_5=28$	$L_6=30$	$L_7=32$	$L_8=32$	32
标线条数(条)	2	2	2	2	2	3	3	3	3

假设车辆原行驶速度为 v_0(m/s)，车辆驶过车行道横向减速标线后欲使行驶速度降至 v_1(m/s)，减速度 $a=-1.8\text{m/s}^2$，则车辆行驶过的距离 L(m)为：

$$L=\frac{v_1^2-v_0^2}{2a}=\frac{v_0^2-v_1^2}{3.6} \tag{6-1}$$

这样，可以根据 L 和表 6-2 确定横向减速标线的道数。此外，为了保证减速效果，车行道横线减速标线设置道数不应少于三道。

3. 路面标记

路面标记分为路面文字标记和路面图形标记。路面标记一般在以下条件下才应考虑设置：

(1)交通量较低的山区；

(2)路侧条件受限，无法设置标志时；

(3)车辆行驶方向为上坡方向；

(4)沥青路面或水泥混凝土路面；

(5)在危险路段，与路侧标志配合使用。

路面文字和图形标记的高度应根据道路设计速度确定，一般可按照表 6-3 取值：

路面标记规格表　　表 6-3

设计速度(km/h)	类　别	高(cm)	宽(cm)
≤40	图形类	400	150
	文字类	400	160
	辅助文字类	200	80
文字类及辅助文字类的文字横向间距视路面情况可适当调整，但不应小于 10cm，路面标记纵向间距为 200cm			

路面标记应沿车辆行驶方向由近及远竖向排列，辅助文字类标记沿车辆行驶方向横向排列。因农村公路普遍较窄，所以路面标记设置宽度不受半幅路面限制，必要时可占用对向车道。但如果设置位置已施划道路中心线，路面标记应设置于车辆行驶方向一侧行车道内，不应占据对向行车道。

可将图形信息转化为文字信息施划于路面上，便于未受正规交通安全培训的农村公路使用者理解并遵守。在行车安全隐患突出路段，路面标记应与路侧标志配合使用。路面标记应使用抗滑标线材料，标线表面的抗滑性能一般应不低于所在路段路面的抗滑性能。

1)提示性路面标记

提示性路面标记是将本应设立的标志信息转化为图形，或将道路前方状况信息或其他文字性信息施划于路面上成为路面标记，如图 6-21～图 6-23 所示。当预设立的标志版面图形较简单时可直接将其施划于路面上。为便于施划和识别，应将版面图形较复杂的标志所要表达的信息转化为简洁文字施划于路面上。文字化路面标记更便于未受过交通安全培训的农村公路使用者理解并遵守。

a)

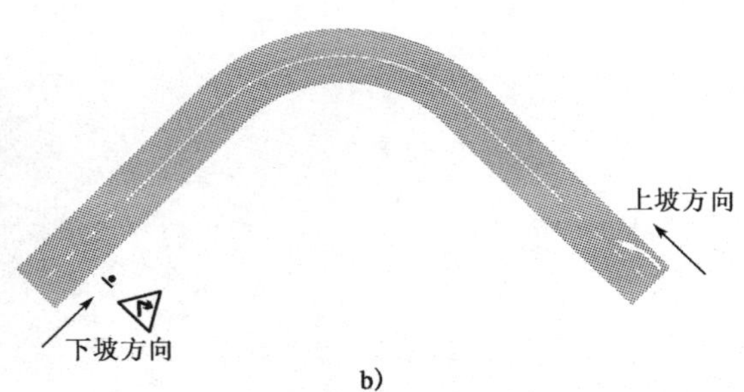

b)

图 6-21　施划于上坡方向的“急弯”图形化路面标记

2)建议性路面标记

建议性路面标记就是向道路使用者提供前方道路的行车建议，一般用文字性路面标记。

如在进入弯道之前或进入路侧险要路段之前，对车辆行车速度提出建议，设置“时速 30”建议性路面标记，如图 6-24 所示。建议性路面标记一般应与相应的警告标志配合使用。

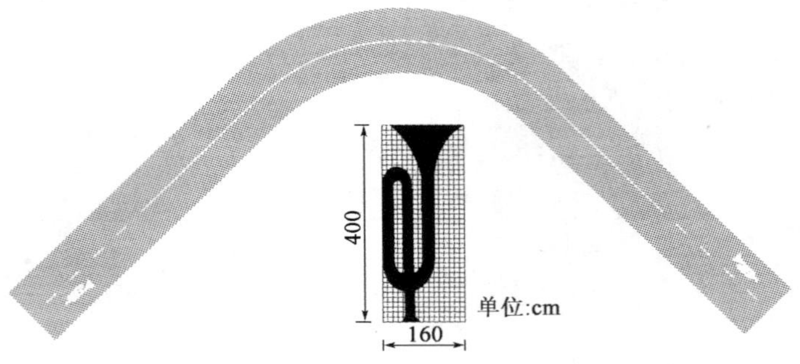

图 6-22 “鸣喇叭”图形化路面标记

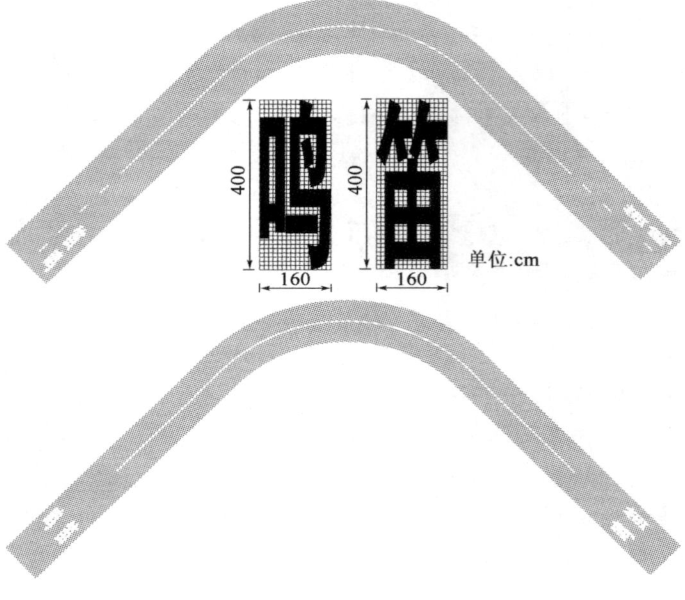

图 6-23 “鸣喇叭”文字性路面标记

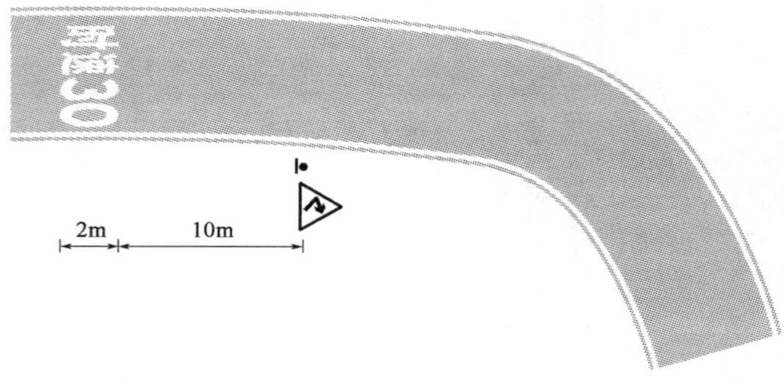

图 6-24 “时速 30”建议性路面标记

3)教育性路面标记

在一些地区，由于出行条件的限制，农民群众选择结伴乘坐农用车出行。由于农用车安全性能相对较低，常发生群死群伤事故。除了开通农村客运班车之外，向农民群众宣传坐农用车的危害也是必要的。可在村口或村民进出比较频繁的路段设置一些教育性的路面标记，如“坐农用车危险”等(图 6-25)，使村民在日常生活中就能够提高道路交通安全意识。

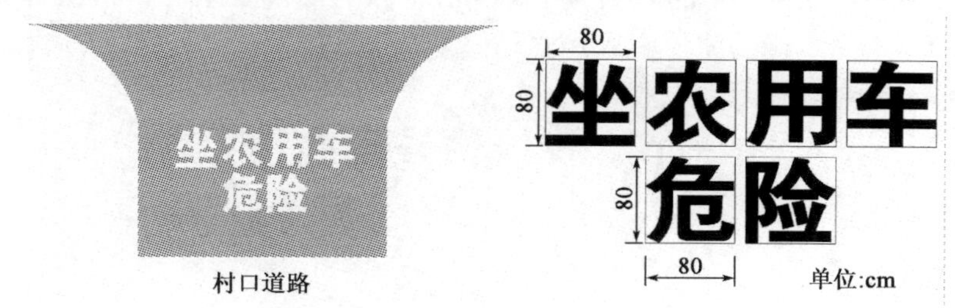

图 6-25　设置在村口的“坐农用车危险”路面标记

4. 减速丘标线

布置减速丘的路段，应在减速丘前设置减速丘标线，以提前告知道路使用者。减速丘标线由设置在减速丘上的标记和设置在减速丘上游的前置标线组成。减速丘标线应采用反光标线。减速丘标线设置如图 6-26 所示(图中箭头仅表示车流行驶方向)。减速丘与人行横道联合设置时，可省略减速丘上的标记部分，但应标示出减速丘的边缘，如图 6-27 所示(图中箭头仅表示车流行驶方向)。

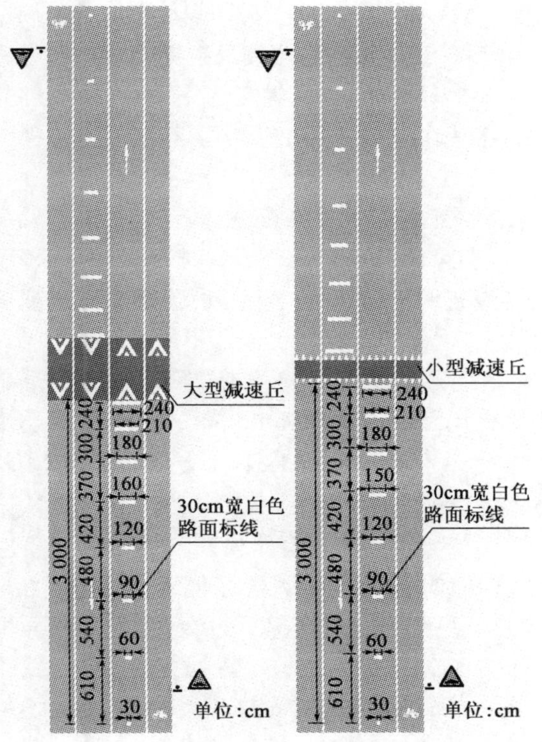

图 6-26　减速丘标线设置示例

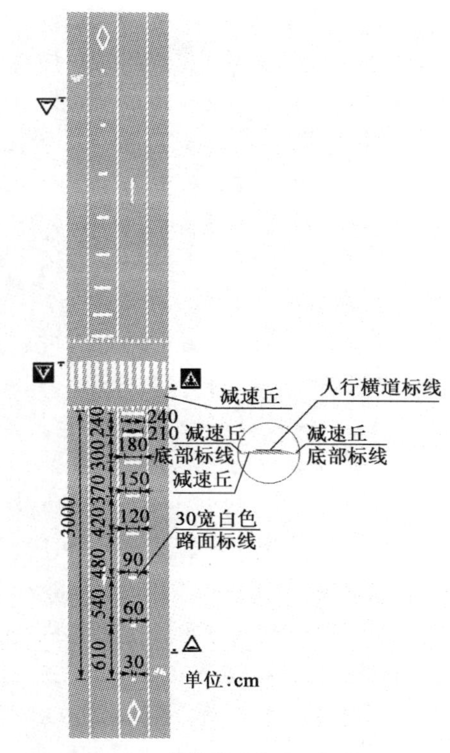

图 6-27　减速丘与人行横道联合设置标线设置

四、材料选择

农村公路交通标线可采用常温溶剂型和热熔型标线材料。一般情况下选用常温型，应保证标线使用寿命内所使用的材料性能良好，满足相关标准规范要求。经济条件许可时或年平均日交通量 AADT≥300 辆的路段宜采用热熔型标线材料。

第三节　视线诱导设施设置

一、一般原则

应根据农村公路线形、路侧危险程度和其他设施的应用情况合理选择视线诱导设施形式。对于路侧危险程度低、线形指标较好、发生事故严重程度小的路段，可选用示警桩、示警墩或轮廓标等实现诱导设施；对于线形指标相对较差的路段，可选用线形诱导标。

二、设置方案

在视线不良、急弯、车道数或车道宽度有变化、连续急弯陡坡等路段应设置轮廓标。在路侧栽有沿道路走向排列的行道树(3 株以上，且树径超过 10cm)的路段，可刷白树干或增设反光表示，一般不用再设置轮廓标或示警桩。轮廓标一般设置在公路土路肩或附着在路侧护栏上，应在主线两侧对称设置。农村公路路侧轮廓标应双向反光，左右两侧反射器颜色均应为白色。轮廓标设置间隔可参照《公路安全保障工程实施技术指南》相关规定选用，并可适当加大或减小轮廓标间隔。轮廓标反射器无论在直线段还是在曲线段，均应尽可能与驾驶员视线垂直。

道口标设在公路沿线较小交叉路口两侧，用来提醒主线车辆提高警觉，防范小路口车辆突然出现而造成意外。道口标一般沿主线方向设置。小路口宽度不超过 5m 时，路口两侧各设置一根道口标；小路口宽度在 5～7m 时路口两侧各设置两根道口标。已经设置指路标志或交叉路口警告标志的路口不再设置道口标。

线形诱导标一般设置在受山体、树木或房屋等阻挡及其他使驾驶员难以明了前方线形走向、易发生交通事故的小半径弯道外侧。线形诱导标尺寸一般选用 400mm×600mm，最小不得小于 220mm×400mm。线形诱导标设置间隔可参照《公路安全保障工程实施技术指南》相关规定选用，并尽量减少线形诱导标的设置数量，以保证驾驶员在曲线范围内连续看到三块诱导标为原则。农村公路上线形诱导标应设置为双向诱导标，坡度较缓路段双向诱导标高度应一致，坡度较陡路段面向上坡方向诱导标位于下方，面向下坡方向诱导标位于上方，如图 6-28、图 6-29 所示。诱导标版面应尽可能垂直于驾驶员视线。一般情况下，指示性线形诱导标为蓝底白图案；在经常发生驶出路外事故、事故严重度较高或需强烈警示驾驶员注意的曲线路段，可使用警告性线形诱导标，为红底白图案。

示警桩、示警墩设置位置同轮廓标，示警桩设置间距以 6m 为宜，示警墩间距为 2m。

图 6-28　陡坡路段两个方向线形诱导标高度不同

图 6-29　缓坡路段两个方向线形诱导标高度相同

三、材料选择

一般选择采用合成树脂类材料制成的轮廓标，其断面可采用圆角的 L 形断面（图 6-30）以降低投资。

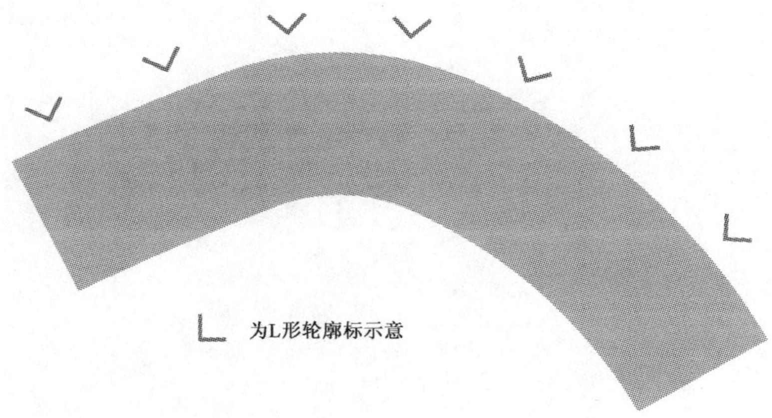

图 6-30　L 形断面轮廓标布设示意图

诱导标版面可采用废旧线路板回收材料再循环后的树脂玻璃纤维，立柱可采用玻璃钢。

在山区石材丰富的地区，可采用石材示警桩和示警墩，外涂红白相间漆。

第四节　控速设施设置

一、一般原则

农村公路交通量较小，合理控制车辆运行速度对于交通安全至关重要。在农村公路安全保障工程实施中，应特别重视减速设施的使用。

控速措施一般用于急弯、陡坡、视距不良、路侧险要等安全隐患路段之前，尤其是进入城镇、村庄前。

乡镇镇区道路宜采取强制性控速措施为主，非乡镇镇区道路宜采取视线诱导性控速措施为主。

二、控速设施设置

1.强制性控速措施

1)减速丘

减速丘一般设置于进入城镇、村庄前,也可设置于乡镇镇区道路。设置时应全断面铺设(断面尺寸见图 6-31),并设置相应的减速丘标志和标线。可以根据城镇、村庄路段的限制车速,在减速丘前设置相应的限速标志。施工时应注意沿公路纵向的减速丘边缘处理。

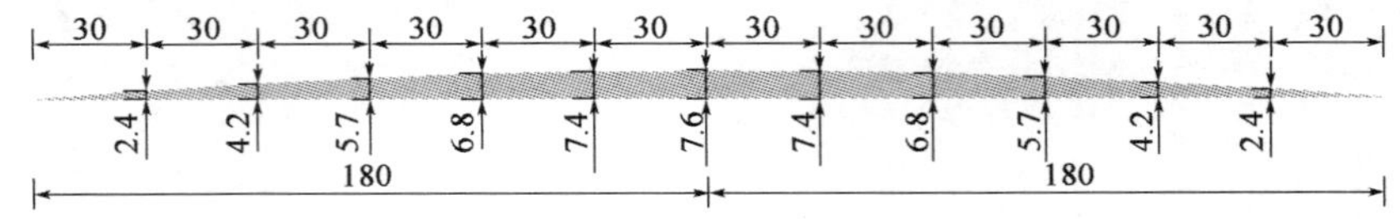

图 6-31 减速丘断面尺寸图(单位 cm)

2)大型交叉路口硬渠化

在一些乡镇镇区公路与干线公路相交的大型路口,可考虑将路口硬渠化(图 6-32),迫使车辆减速。

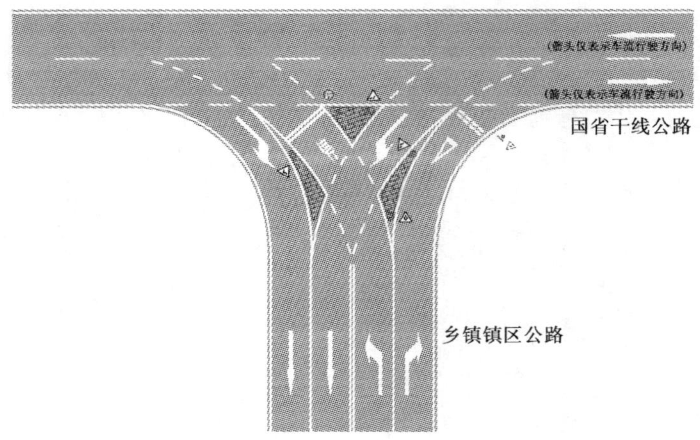

图 6-32 与干线公路的大型交叉路口硬渠化

3)缩窄车道

对于乡镇镇区较宽的道路,可采用缩窄车道的办法,迫使车辆降低速度,如图 6-33 所示(图中乡镇镇区公路箭头仅表示行车方向)。

4)抬高路口

为了降低车辆通过乡镇镇区内交叉口的速度,可以将交叉路口整体抬高。在交叉口两侧沿行车方向 1.8m 范围内逐渐抬高至 7.6cm 左右(图 6-34),将可使车辆进入交叉口的速度明显降低。

5)抬高人行横道

将人行横道和减速丘配合设置,降低车辆与行人发生碰撞的风险。在人行横道两侧沿行车方向 1.8m 范围内逐渐抬高至 7.6cm 左右(图 6-35),将可使车辆进入交叉口的速度明显降低,确保行人安全过街。

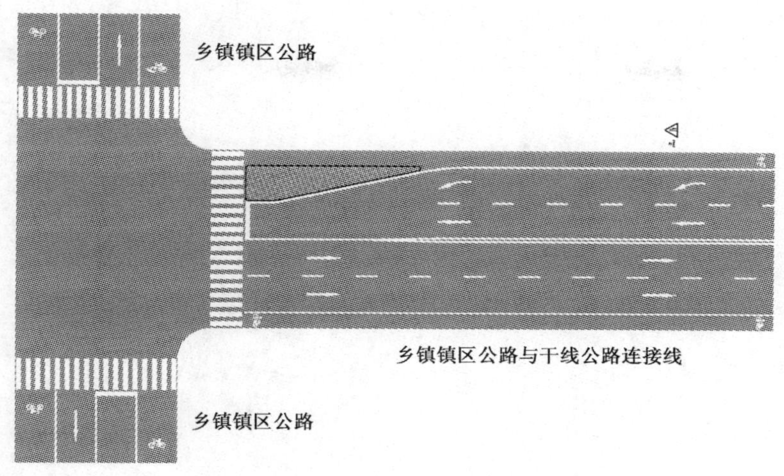

图 6-33　缩窄车道

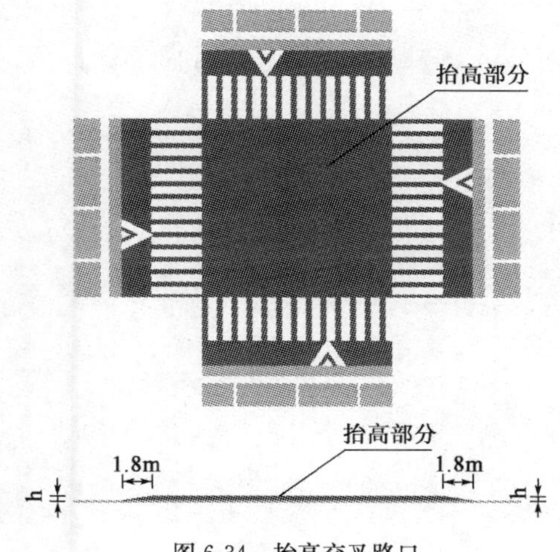

图 6-34　抬高交叉路口

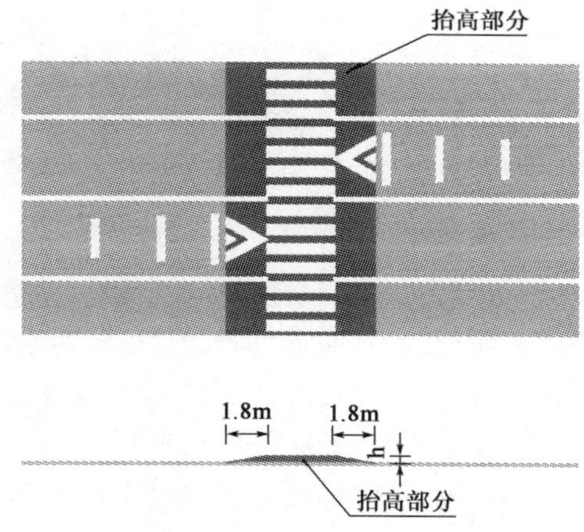

图 6-35　抬高人行横道

6)带安全岛人行横道

为了保障乡镇镇区内行人过街安全,可以在道路中央设置行人过街安全岛。安全岛两端设置障碍物警告标志,通过标线和设置圆柱式示警桩进行诱导(图 6-36)。

7)单位出入口控速措施

可以通过整体补油垫高、小块补油垫高、设置路拱等方式,迫使车辆降低车速,保障乡镇镇区行人出行安全,如图 6-37～图 6-39 所示(图中箭头仅表示行车方向)。其中,出口整体补油垫高一般适用于出口为平坡或下坡的出口或支路口,小块补油垫高措施一般适用于出口内和路外高程相差不大,或采用整体补油垫高方式会引起排水问题时。

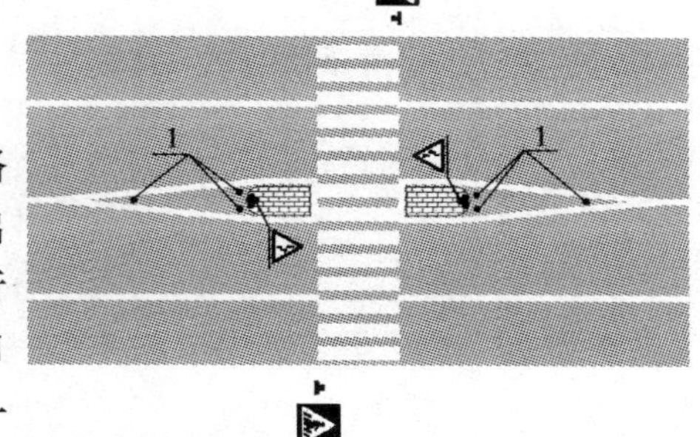

图 6-36　带安全岛人行横道

1-圆柱式示警桩

除补油措施外，还可以在单位出入口设置各种形式的路拱，迫使车辆驶出时降低车速。

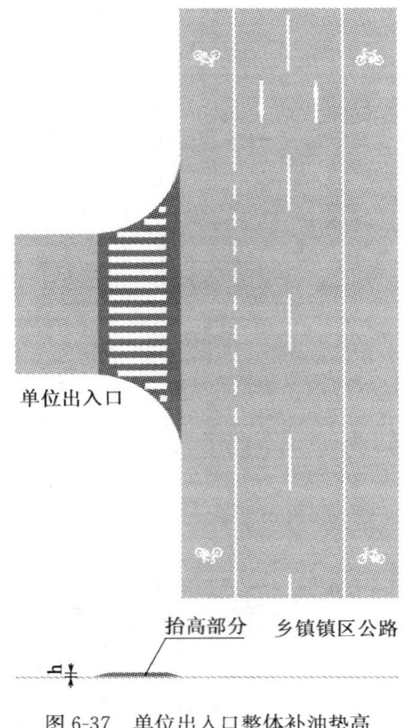

图 6-37　单位出入口整体补油垫高

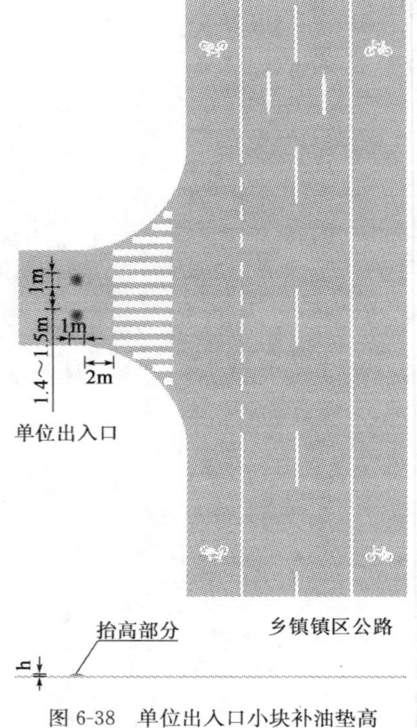

图 6-38　单位出入口小块补油垫高

8）比利时路面

典型的比利时路面，也称块石路，可以有效地降低车速，但对行车舒适性有一定影响。一般设置在平曲线前的直线段，以便降低车辆进入弯道时的速度。在设置比利时路面时，需要注意路面排水处理，防止水渗入路基造成病害。

2. 视觉诱导性控速措施

视觉诱导性控速措施主要依靠路面标线或标记的不等距和不规则设置，给驾驶员以车辆正在加速或前方车道变窄的感觉，并辅以车辆振动，促使驾驶员采取减速措施。

1）龙齿状路面控速措施

龙齿状路面控速措施一般设置于弯道之前或弯道中。龙齿状路面标记沿行车方向间距逐渐减小，龙齿高度逐渐增加，如图 6-40 所示（图中箭头仅表示行车方向）。

2）锯齿状路面控速措施

锯齿状路面控速措施一般设置于长直线或车辆易

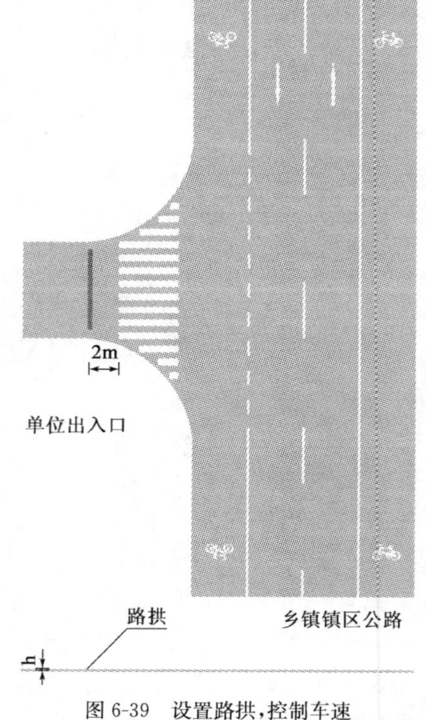

图 6-39　设置路拱，控制车速

超速的路段上。锯齿状路面控速标记沿行车方向间距逐渐减小，如图 6-41 所示（图中箭头仅表示行车方向）。

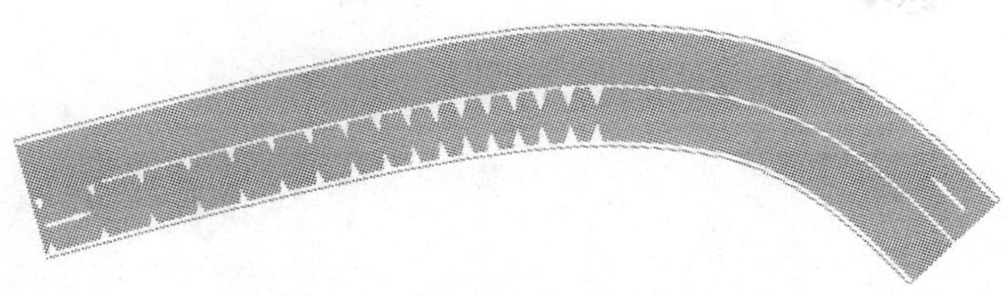

图 6-40　龙齿状路面控速措施

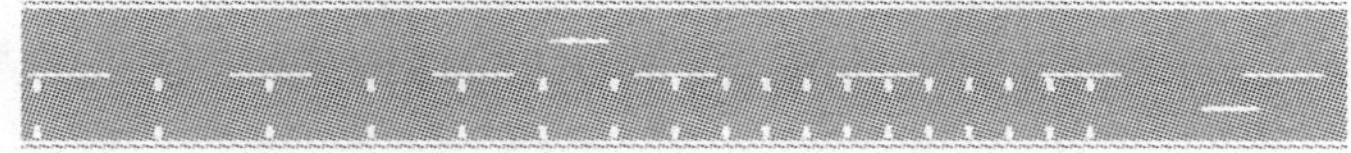

图 6-41　锯齿状路面控速措施

3)八字形路面控速措施

八字形路面控速措施沿行车方向排列的条状白色标记之间的距离逐渐减小。主要设置在急弯、交叉口之前的直线段上，如图 6-42 所示（图中箭头仅表示行车方向）。

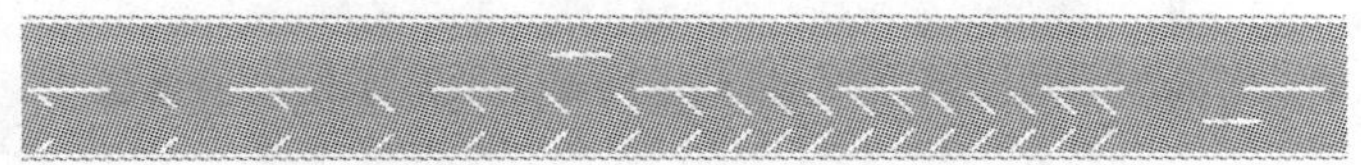

图 6-42　八字形控速标线

4)V 形路面控速措施

V 形路面控速措施为 V 字形的路面标记，沿行车方向排列。两个 V 形块之间的间距沿着行车方向逐渐减小，如图 6-43 所示。

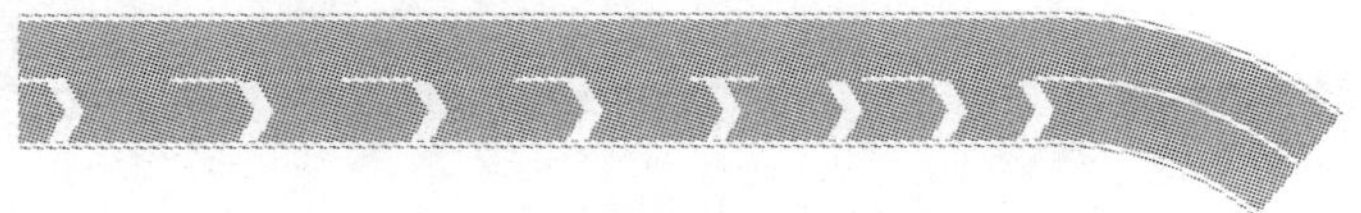

图 6-43　V 形路面控速措施

V 形路面控速措施一般设置在弯道之前或进入交叉口之前，一般用振动标线施划，降速效果非常显著，使车辆能以较低的速度驶入弯道或驶入交叉路口。

5)标线窄化车道

将原本较宽的车道人为地进行标线窄化处理，使驾驶员感觉到车道变窄，自觉地降低车辆行驶速度，如图 6-44（图中箭头仅表示行车方向）。

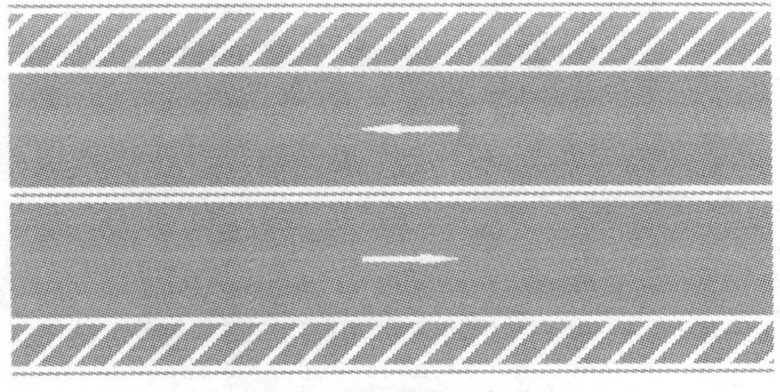

图 6-44　标线窄化车道

第五节　防护设施设置

一、一般原则

防护设施设置应以《公路安全保障工程实施技术指南》为依据开展相关设计工作，应根据地形、路侧危险等级以及事故发生的概率等因素综合考虑。在满足安全功能的前提下，鼓励采用低成本安全防护设施。

农村公路防护设施上应设置夜间反光标识。

二、路侧危险等级

根据路侧净区宽度、边坡坡度及发生交通事故可能造成的事故严重性等将农村公路路侧危险程度分成4个等级，具体如下：

Ⅰ等级：路侧有一定宽度的净区，坡度很缓或路侧为挖方。车辆驶出公路后，车辆自身可以驶回公路，即使不能驶回公路，也不会产生交通事故。

Ⅱ等级：路侧净区宽度较小，边坡坡度较陡，边坡高度小于4m的急弯、连续弯路、视距不良路段。车辆驶出公路后不能驶回公路，会产生事故，预期事故严重程度较轻的路段。

Ⅲ等级：路侧净区宽度较小，边坡坡度较陡，边坡高度大于4m的急弯、连续弯路、连续下坡、视距不良路段。事故多发路段或事故隐患路段，易发生较严重事故。

Ⅳ等级：路侧净区宽度很小，边坡坡陡急弯，车辆驶出后不能驶回公路，路外有坚硬障碍物或水域，边坡高度大于6m。事故多发路段或事故隐患路段，易发生较为严重的交通事故。

三、路侧防护设施防撞等级

农村公路路侧防护设施防撞等级应根据公路等级、设计速度、车辆驶出路外可能造成的事故严重程度，以及路侧安全等级等因素综合确定，见表6-4。

农村公路路侧防护设施防撞等级分布表　　表6-4

公路等级	设计速度(km/h)	路侧安全等级	路侧防撞等级
三级公路	40	Ⅲ级	B
		Ⅳ级	A
	30	Ⅲ级	不设置、B
		Ⅳ级	A
四级公路	20	Ⅳ级	B、A

四、路侧防护设施设置原则

因农村公路交通量较小，可以将农村公路分为旅游公路、通公交公路、深山区、浅山区和平原区公路，进行针对性设置。

表6-5给出了不同类型农村公路路侧防护设施的设置原则。

农村公路路侧防护设施设置原则　　表 6-5

<table>
<tr><th>分　类</th><th>特　点</th><th>防护设施设置原则</th></tr>
<tr><td>旅游公路</td><td>外地自驾车多,不熟悉路况</td><td rowspan="2">应设尽设</td></tr>
<tr><td>通公交线路</td><td>一旦发生事故,易造成群死群伤恶性事故</td></tr>
<tr><td>深山区</td><td>危险隐患路段多,交通量较小</td><td>有重点设</td></tr>
<tr><td>浅山区</td><td>路侧险要路段少</td><td rowspan="2">尽量不设</td></tr>
<tr><td>平原区</td><td>穿村邻村路段多,交通量大</td></tr>
</table>

旅游公路的特点是外地自驾车多,这些道路使用者不熟悉路况。公交线路的特点是一旦发生交通事故,易造成群死群伤等恶性事故,社会影响大。针对旅游公路和公交线路特点,防护设施设置原则应为"应设尽设"。

深山区农村公路路侧险要比例大,路侧危险等级高,但交通量较小,这类农村公路防护设施设置原则应为"有重点地设置"。

浅山区农村公路路侧险要少,路侧危险等级低,平原区农村公路穿村、邻村路段多,交通量大,路侧危险等级低,对于这两类农村公路防护设施设置原则应为"尽量不设"。

五、路侧防护设施形式选择

农村公路路侧防护设施的选择不应排斥任何一种护栏形式。在满足安全功能前提下,应根据路侧危险等级、投资成本、养护成本、施工便利性、与周围环境协调性等因素综合确定。

考虑到农村公路安全保障工程建设资金的制约,在满足安全功能的前提下,应优先采取低成本路侧防护设施,较高成本的路侧防护设施不宜大规模使用。考虑到农村公路的特殊性,可采用经验证的其他形式的路侧防护设施,如笼状护墙等。

波形梁护栏、混凝土护栏设置应根据《公路安全保障工程实施技术指南》相关规定进行设计。

六、笼状护墙

笼状护墙一般设置在路侧危险等级较高、路肩有一定宽度且路侧石材资源较为丰富的山区农村公路。

笼状护墙是由 5 个连续设置在路侧的钢丝笼组成一组钢丝笼(相邻钢丝笼绑扎在一起)、相邻两组钢丝笼之间留有一定间隙所组成的笼状墙体,依靠自身重量和笼内石块的挤压和交错拉紧来抵御车辆的碰撞。

在路侧危险等级较高的路段可在钢丝笼里设置立柱,立柱埋于路侧地面,可进一步固定钢丝笼,提高笼状护墙等级。由于多个钢丝笼通过互相连接已构成一整体,在一般路侧险要路段仅需通过笼状护墙的自重就可起到防护作用。

立柱埋置应符合相关设计规范。现有山岭区公路路侧设置笼状护墙需要设置立柱时,立柱基本上无法打入,可根据现场情况采用适宜的立柱埋入方式或其他基础处理方式。

七、行道树

国外研究已表明，路侧净区内树干直径超过 10cm 的树木可能对路侧安全构成威胁。因此，公路路侧净区范围内不宜种植粗壮的树木。但是，设置得体的行道树又的确可以防止车辆冲出路外。在临水、临崖、临深沟路段，行道树可以起到失效保护的作用，减轻交通事故的严重程度，避免坠河、坠崖等恶性交通事故的发生。因此，在山区公路上暂时无法设置路侧防护设施的临水、临崖、临深沟路段，可以考虑设置行道树，改善路侧安全性。

行道树如果设置不当就可能会诱发道路交通事故。公路路肩上不得植树，为满足视距要求，粗细树枝及矮林均不得伸入公路界内。在公路交叉口视距三角形范围内，行道树应采用通透式设计，且树冠不能遮挡驾驶员视线。对病死、枯死、过高以及严重危及到行车、行人安全和公路两旁建筑物、电(缆)线安全的行道树，应及时进行砍伐或清理，消除安全隐患。

八、其他简易防护设施

废旧汽油防撞桶、干砌护墙、土挡墙和碎石挡墙作为设置在农村公路上的简易防护设施，在起到警示作用的同时，也能对农用车、非机动车等起到一定程度的挡拦和防护作用。

1. 废旧汽油防撞桶

废旧汽油防撞桶是在废旧汽油桶内装入碎石、沙子或泥土、埋置于路侧、依靠自身重量抵御车辆碰撞的简易防护设施。在路侧危险等级较低、路侧具有一定宽度且有树木阻碍而无法设置护栏的路段，可以考虑设置废旧汽油防撞桶。

废旧汽油防撞桶路面下埋深一般为 30cm，路面上高度为 70cm，设置间距一般为 1～2m，应夯实桶外周围土质。为提高废旧汽油防撞桶防撞性能，可在桶内设置立柱，立柱末端埋入地面下的混凝土基础中。桶体外喷涂反光漆或粘贴反光膜。桶内除内装碎石、沙子外，还可填充泥土并栽植小型观赏植物，如图 6-45 所示。

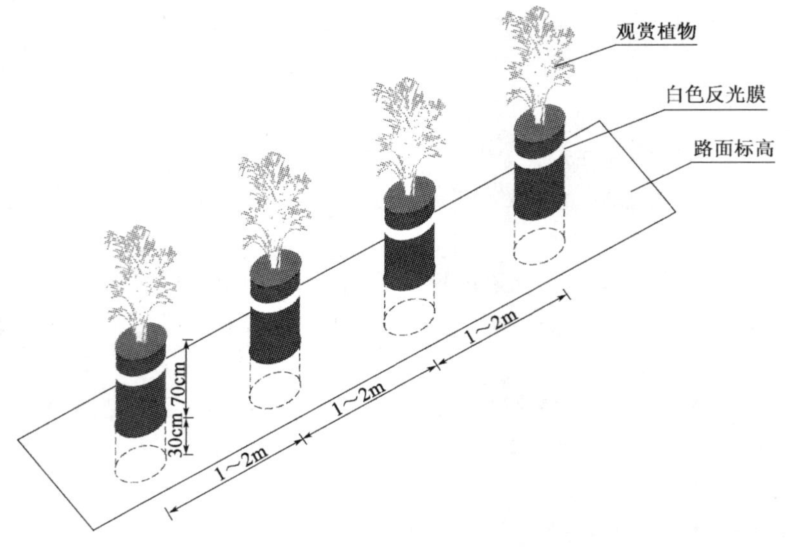

图 6-45　废旧汽油防撞桶

2. 干砌护墙

将山区农村公路上掉落的石块按一定比例(大小石块之比为 3∶1)以一定规格堆砌起来组成干砌挡墙(图 6-46),主要设置于山区农村公路路侧危险等级较低路段上坡方向一侧。干砌护墙可以对行车安全起诱导作用,能够增强道路使用者的行车安全性。干砌护墙将散落在路侧的块石按一定规格堆砌起来,增强了农村公路路面环境的整洁性,还可以将草种和土壤散入干砌护墙,几年后干砌护墙将隐没在草丛中,完全融入周围环境;另外干砌护墙还可以防止路基水土流失。

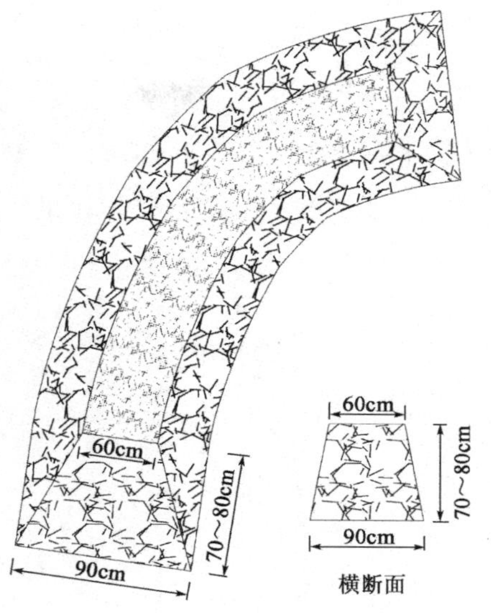

图 6-46　干砌护墙

3. 土挡墙或碎石挡墙

将路侧闲置泥土或碎石沿路侧堆积起来,只要挡墙和碎石达到相当大的尺寸,就可以起到挡墙的作用(图 6-47、图 6-48),并且有一定的防护能力。泥土或碎石逐渐沉结,夹杂在泥土和碎石堆中的草种发芽生长,经过几年时间,土挡墙和碎石挡墙将与周围环境逐渐融合。土挡墙和碎石挡墙主要用于路侧宽度较宽的路段。

图 6-47　土挡墙

图 6-48　碎石挡墙

第六节　错车道设置

一、一般原则

路基宽度较窄,车辆不易错车的路段,每间隔一定距离应设置错车道,确保农村公路行车安全、通畅。

当路基宽度小于或等于 4.5m 时,应设置错车道。错车道路基、路面结构应选用与其他路段相同的结构形式。错车道设置应能满足车辆错车需要。

错车道不宜设置在弯道上或视距不良处。

二、设置方案

新建公路每 600m 宜单侧设置一处错车道。既有公路每 1 000m 宜单侧设置一处错车道，根据实际需要可适当增加设置。在条件许可情况下，错车道应沿主线左右两侧间隔布置。设置错车道时，应设置过渡段，错车道总长度(包括过渡段)应不小于 20m(图 6-49)。

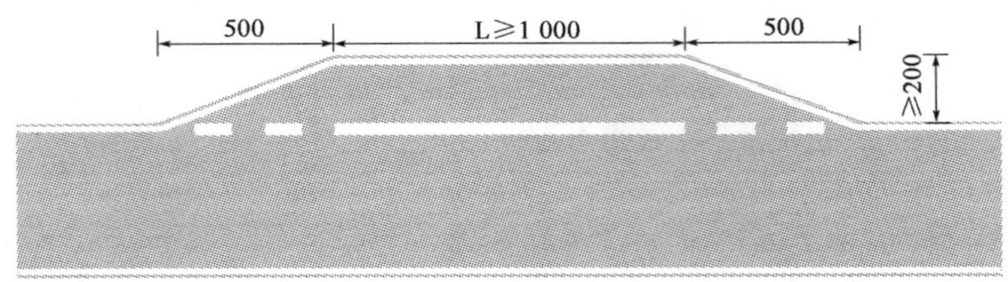

图 6-49　错车道示例(单位:cm)

三、错车道标志与标线

错车道前应设置错车道标志，用于指示前方设有避让来车的处所，宜设在双向错车困难路段上距错车道 100～150m 处，可在标志下方设置辅助标志表示前方距错车道的距离(图 6-50)。

图 6-50　错车道及前方 200m 处错车道示例

错车道标线标示了车辆通向专门的分离引道的路径和停靠位置，由渐变段引道白色虚线、正常段外边缘白色实线或白色填充线组成。错车道正常段的长度一般不小于 10m，两侧渐变段引道的长度一般为 5m。标线具体尺寸如图 6-51 所示。错车道标线一般线宽为 45cm，在交通量非常小的农村公路上，错车道标线线宽可采用 30cm。

图 6-51　错车道标线设置示例(单位:cm)

第七节　其他技术措施

一、破损示警桩处置

使用废弃的波形梁圆形立柱套入破损的示警桩，并将混凝土灌入圆形立柱内，立柱外靠近行车道一侧粘贴反光膜，从而可以避免拆除原有破损示警桩(图 6-52)。

二、简易型避险车道

避险车道是设置在连续长大下坡路段的、专供刹车失灵货车使用、依靠重力或滚动阻力使刹车失灵货车逐渐降速直至停车的特殊设施。在发生刹车失灵事故或有发生刹车失灵隐患的连续长大下坡路段可考虑设置简易型避险车道(图 6-53)。

图 6-52　漫水桥示警桩改造

图 6-53　简易型避险车道

三、弯路车道箭头

在极易发生对撞事故的弯道处设置弯路车道箭头，即在弯道曲线中点两侧沿弯道双向设置车道箭头标线(图 6-54)，起引导和警示作用。

四、石材振动带

可以在对向事故多发的弯路中心线或路侧事故多发路段路肩处设置石材振动带。选取表面圆滑的小石块布设在路面上，石块露出路面不应过高，一般约 0.5cm 左右，即形成石材振动带(图 6-55)。当车辆轮胎越过振动带时，会产生振动并发出响声，提示驾驶员注意按车道行驶。

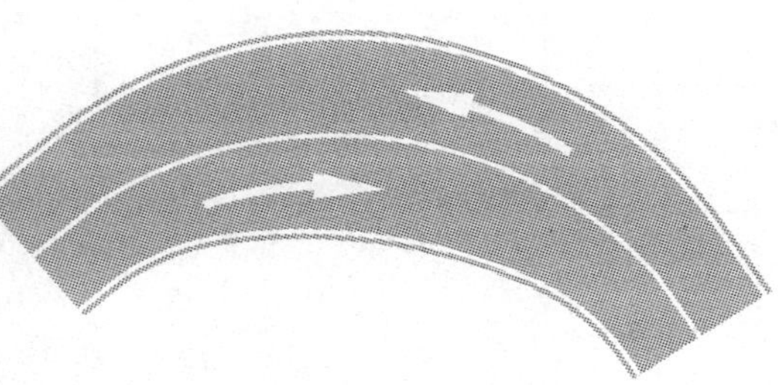

图 6-54　弯路车道箭头

五、危险物处置

1. 路中桥墩处置

采用标线诱导，桥墩前设置障碍物标志和向右行驶标志(图 6-56)。

2. 路中树木处置

沿行车方向树木两侧设置防撞桶，桶内立向右行驶标志(图 6-57)。

3. 路中杆柱

在杆柱上附着障碍物和向右行驶标志(图 6-58)。

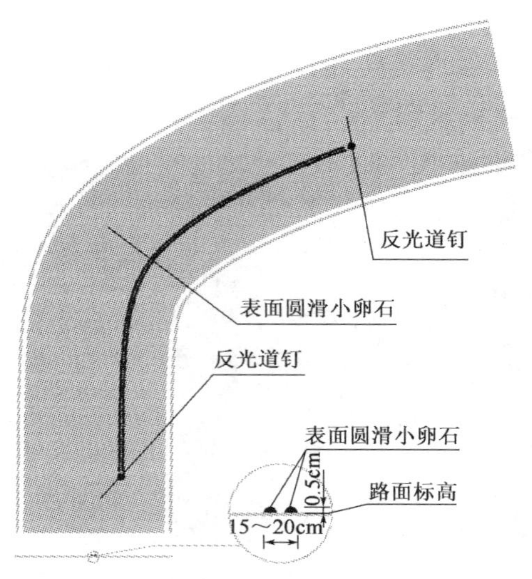

图 6-55　路中石材振动带

图 6-56　路中桥墩处置

图 6-57　路中树木处置

图 6-58　路中杆柱处置

4. 路侧杆柱

在杆柱下部粘贴红色反光条(图 6-59)。

5. 道路净空保障

去除侵入公路的山体以保障道路净空(图 6-60)。

6. 危险隧洞改造

将危险隧洞爆破拆除,消除安全隐患(图 6-61)。

图 6-59　路侧杆柱处置

a)去除前

b)去除后

图 6-60　去除入侵公路山体

a)改造前

b)改造后

图 6-61　危险隧洞改造

第七章　农村公路安保工程实施

第一节　实施原则及目标

一、实施原则

农村公路安全保障工程是以提高农村公路行车安全水平为目的，对农村公路上影响行车安全的隐患路段采用交通工程等措施进行综合整治，并结合日常养护工作以提高农村公路行车安全性的工程。

农村公路安全保障工程应按照“安全、实用”的原则，针对整治路段中影响行车安全的主要因素，采取综合措施进行整治。应按照“措施得当、防护适当、引(诱)导恰当”的原则确定整治措施，并在实施过程中加强农村公路路侧环境整治，不断提高农村公路交通安全水平。农村公路安全保障工程应以实用为先，应因地制宜，尽量采取低成本的技术处置方案和措施，不应过度追求交通安全设施的整齐划一。农村公路安全保障工程也是一个长期、持续、不断改进的过程。鼓励采用经过论证的新技术、新材料、新工艺、新产品。

在具体实施过程中，应根据每条线路的实际情况，做到灵活设计、灵活施工，不应拘泥于具体指南的规定。同时，在项目具体设计、施工和管理时，应满足国家和交通运输部有关标准规范的规定。

二、实施目标

通过实施农村公路安全保障工程，完善农村公路引导、诱导及安全防护设施，最大限度地降低交通事故死亡率、特大交通事故的发生率，最大限度地降低农村公路交通安全隐患，为保障行车安全提供良好的公路环境。

第二节　判定原则及标准

一、判定原则

判定农村公路安全保障工程的实施路段，应坚持“经济可能、技术可行、方案有效”的原则，将农村公路技术指标与交通事故指标紧密结合，通过分析影响行车安全的主要因素，将存在隐患的路段纳入农村公路安全保障工程实施路段范围。

本书只针对低等级农村公路提出判定原则，高等级农村公路安全保障工程应按照《公路安全保障工程实施技术指南》及相关标准规范的要求实施。

二、判定标准

满足事故指标的路段，通过事故多发原因的分析，确定农村公路本身存在影响行车安全的因素，如急弯、陡坡、连续下坡、视距不良、路侧险要等，作为农村公路安全保障工程实施路段；满足事故指标的路段，通过事故多发原因的分析，不是农村公路本身存在影响行车安全的因素而是人或车因素如机非混行、行人横穿等，也可以考虑通过实施农村公路安全保障工程在一定程度上减少其他因素对农村公路行车安全的影响；如满足公路指标的路段，尚未发生重特大交通事故但存在发生重特大交通事故隐患的路段，也可以作为农村公路安全保障工程实施路段，预防农村公路重特大交通事故发生。

1. 事故指标

2km 范围内 3 年发生过 1 起死亡 3 人以上的事故或 500m 范围内 3 年发生过 3 起以上死亡事故的路段。

2. 公路指标

1)急弯路段

设计速度小于 60km/h，平曲线半径(R)小于下列数值，且停车视距小于《公路工程技术标准》(JTG B01—2003)规定的停车视距的路段。

(1)单个急弯

设计速度 40km/h，$R<125$m 时；

设计速度 30km/h，$R<60$m 时；

设计速度 20km/h，$R<30$m 时。

(2)连续急弯

设计速度小于 60km/h，连续有三个或三个以上小于下列半径(R)的平曲线，且各曲线间的距离(L)小于下列长度的路段。

设计速度 40km/h，$R<125$m 且 $L<50$m 时；

设计速度 30km/h，$R<60$m 且 $L<35$m 时；

设计速度 20km/h，$R<30$m 且 $L<25$m 时。

受公路周边环境等因素影响，有些连续急弯路段危险性要高于单个急弯路段，在选取实施路段时，可结合事故情况将连续急弯的 R 取值适当增大。

2)陡坡路段

是指纵坡(I)大于下列数值的路段。

设计速度 40km/h，$I>6\%$时；

设计速度 30km/h，$I>7\%$时；

设计速度 20km/h，$I>8\%$时。

3)连续下坡路段

是指连续里程大于 3km、多个连续下坡且平均纵坡(I)大于下列数值的越岭路段。

相对高差为 200～500m，$I>5.5\%$时；

相对高差大于 500m，$I>5\%$时。

连续下坡路段的长度越长，危险性越大。在具体选取路段时，可以结合历史事故情况，将平均纵坡 I 取值适当减小。

4)视距不良路段

是指会车视距(L)不满足设计速度要求的路段。

设计速度 40km/h，$L<150$m 时；

设计速度 30km/h，$L<80$m 时；

设计速度 20km/h，$L<60$m 时。

5)路侧险要路段

是指陡崖、沟深、填方边坡高度或路肩挡墙高度 $h\geq4$m 的路段，或距路肩边缘不足 3m 有湖泊、沟渠、高速公路、铁路等路侧险要的路段。

制定这些公路指标时已经考虑到现在公路上运行速度一般高于设计速度的情况。如果有条件，可以先对路段上主要车型的运行速度进行测试。根据运行速度的情况调整指标值。

3. 其他因素

行人、自行车或环境等对行车造成安全隐患的路段。如：隧道、平面交叉、过村庄路段、过城乡接合部路段、公路条件变化路段等。

第三节　实 施 步 骤

一、收集基础数据

通过走访有关部门及现场调查，收集交通事故、运行速度、路况、路侧条件、交通及气象条件等资料。

1. 交通事故数据

主要包括：按路线汇总的交通事故数据(尤其是近 3～5 年)，每一条事故记录数据应含事故地点、事故对象、事故形态、事故类型和事故原因等信息。

2. 运行速度数据

对因超速引发交通事故的路段做重点调查，并通过实地观测获得运行速度数据。

3. 农村公路技术指标等数据

主要包括：农村公路几何设计要素(平曲线半径、纵坡、路基宽度等)、平面图、纵断面图、标准横断面图、路面结构图等。此外，还应掌握与公路安全保障工程紧密相关的交通标志、标线、安全防护设施及路侧环境等现状。

4. 交通量资料

主要包括：年平均日交通量及交通构成等。

5. 气象资料

主要包括：雾、雪、雨、大风及其季节规律，沿线特殊气象特征，如侧向风、积雪、局部雾团等。

6. 现场踏勘

主要内容是对已有相关资料的校核，如几何线形、交通设施状况、自然环境、交通状况及交通事故发生现场的校核等。重点掌握路侧危险程度、平面交叉的位置与环境、沿线公路环境等重要信息。同时，对技术资料缺乏的路段，应对重点路段进行几何要素测量，如纵坡、平曲线半径、路面宽度、路面摩擦系数等。

二、确定实施路段

在确定农村公路安全保障工程实施路段前，应结合本辖区农村公路交通的基本情况，按照"轻重缓急、分步实施"的思路制定本辖区实施总体规划。

确定实施路段时，应首先根据沿线交通事故分布情况（应具体到百米桩或具体的出入口、平面交叉），确定事故多发点、段。然后结合实施路段判定标准中的公路技术指标、其他因素等，最终确定具体实施路段。

确定事故多发点、段时，应剔除明显与农村公路技术状况无关的事故数据，如：酒后驾车、扒车等，并按路段分析造成交通事故的主要原因。

对于不符合实施路段判定标准中的农村公路技术指标要求，但属事故多发点、段，应加强这些路段的交通管理工作，并进一步论证交通事故的成因。如果通过增设交通安全设施对预防和减少交通事故有明显作用，可以将这些路段纳入农村公路安全保障工程实施路段。

三、确定设计方案

通过对实施路段存在的交通安全隐患和交通事故原因的深入分析，制定实施方案，并进行经济和技术分析，最终确定实施安全保障工程的设计方案。

应根据事故原因采取综合处置措施，针对影响交通安全的主要矛盾制定设计方案。设计完成后，还应在实施路段现场进行设计方案论证和校核，检查设计的工程措施是否针对事故形态、原因，是否与现场环境协调，是否与前后路段协调，是否便于现场实施等。避免警告标志林立、处处设防和处置措施单调呆板等情况。

四、工程施工和验收

应按照相关技术标准和管理规定组织工程的施工和验收工作。建立健全符合农村公路安全保障工程特点的质量监管体系，确保工程质量。同时，严格管理施工现场，合理布设施工作业区，做好交通组织管理工作，保证交通安全及现场施工人员安全。

五、效果评价

应建立安全保障工程实施效果评价制度，建立安全保障工程实施技术文件档案，适时收集整理工程实施前后的防护设施破坏情况（分人为破坏和车辆破坏）及实施路线的交通事故数据变化情况，依据翔实数据对工程实施效果及时做出客观评价，为完善农村公路安全保障工程相关技术标准提供依据。

六、养护

除了对安全保障工程实施的设施进行维护和更新以外，还应注重整治边沟、整治路侧边坡和环境、绿化及杂草清理等养护工作。安全保障工程提倡的综合性处置措施、路侧宽容性改善措施、因地制宜的工程处理方法、追求自然、利用当地本土植物进行绿化和水土保持方案，都依赖于长期的养护工作。

改善农村公路的交通安全状况，涉及养护应逐步开展的工作主要有：

(1)除了路面和各种安全设施的改造之外，养护工作中要注意路侧环境如边坡和边沟的整修；条件许可时在小半径弯道处尽量加宽路基路面等。

(2)充分利用地形，注重服务性设施如停车区、观景台等的设置。

(3)注重平面交叉的处理，强调路权概念，控制车辆驶入平面交叉的速度。农村公路与干线的平面交叉，农村公路驶入方向宜使用减速丘、设置停车或减速让行标志。

参 考 文 献

[1] 国务院办公厅. 农村公路管理养护体制改革方案[R], 2005,9.

[2] 交通部公路司. 全国公路统计资料摘要[R](2005～2007).

[3] 交通运输部公路局. 全国公路统计资料摘要[R](2008～2010).

[4] 孟建柱. 国务院关于贯彻实施道路交通安全法加强道路交通安全工作情况的报告[EB/OL]. 中国人大网:http://www.npc.gov.cn.

[5] 公安部交通管理局. 中华人民共和国道路交通事故统计年报[R](2003～2010).

[6] 交通运输部公路科学研究院.《公路交通安全应用技术研究》研究总报告[R], 2010.

[7] 交通运输部. 公路水路交通行业发展统计公报[EB/OL](2000～2007). 交通运输部网站:http://www.mot.gov.cn.

[8] 交通运输部. 公路水路交通运输行业发展统计公报[EB/OL](2008～2010). 交通运输部网站:http://www.mot.gov.cn.

[9] Zhang Jianjun. Specificity Analysis of Safety Enhancement for Rural Roads in China [C]. Proceedings 2011 International Conference on Transportation, Mechanical, and Electrical Engineering, Changchun, 2011.

[10] 交通运输部公路科学研究院. 2010 年中国道路交通安全蓝皮书[M]. 北京:人民交通出版社,2011.

[11] 交通运输部公路科学研究院,北京市交通委员会路政局门头沟公路分局.《北京市乡村公路安全保障技术研究》研究总报告[R], 2010.

[12] 中华人民共和国国家标准. GB 5768.1—2009 道路交通标志和标线 第 1 部分:总则[S]. 北京:中国标准出版社,2009.

[13] 中华人民共和国国家标准. GB 5768.2—2009 道路交通标志和标线 第 2 部分:道路交通标志[S]. 北京:中国标准出版社,2009.

[14] 中华人民共和国国家标准. GB 5768.3—2009 道路交通标志和标线 第 3 部分:道路交通标线[S]. 北京:中国标准出版社,2009.

[15] 交通部公路安全保障工程技术组. 公路安全保障工程实施技术指南[M]. 北京:人民交通出版社,2007.

[16] 吴永芳,张春林. 科学发展观视阈中的农村公路建设[J]. 重庆交通大学学报(社科版), 2009, 5(9): 28～31.

[17] American Traffic Safety Services Association (ATSSA). Low Cost Local Road Safety Solutions [R], 2006.

[18] Fred E. Latham, Jeffrey W. Trombly. Low Cost Traffic Engineering Improvements: A Primer [R]. Office of Transportation Management, Department of Transportation, Federal Highway Administration, U.S, 2003.

[19] McGee, Hugh W., Hanscom, Fred R. Low-Cost Treatments for Horizontal Curve Safety [R]. Department of Transportation, Federal Highway Administration,

U. S, 2006.

[20] 安徽省地方标准. DB 34/T 721—2009 农村公路交通安全设施实施技术指南[S]. 合肥:合肥工业大学出版社, 2009.

[21] 任峰, 姜利. 山区低等级公路交通安全设施的改造[J]. 森林工程, 2008, 2 (24): 31~34.

[22] 钱立高,张德理,侯利国等. 浙江省农村公路安全设施设置技术指南[R]. 浙江省公路管理局,交通部公路科学研究院,2009,7.

[23] AASHTO. Roadside Design Guide, 3rd ed [M]. American Association of State Highway and Transportation Officials, Washington, DC, 2006.